PROBLEMAS RESUELTOS PARA SER UN CRACK EN MATEMÁTICAS

1.º ESO

JUAN DIEGO SÁNCHEZ TORRES

PROBLEMAS RESUELTOS PARA SER UN CRACK EN MATEMÁTICAS

1.º ESO

JUAN DIEGO SÁNCHEZ TORRES

Problemas resueltos para ser un crack en matemáticas. 1.º ESO

Primera edición, 2025

© 2025 Juan Diego Sánchez Torres

© 2025 MARCOMBO, S. L.
www.marcombo.com

Ilustración de cubierta: Jotaká

Maquetación: Coopera editorial

Corrección: Mónica Muñoz

Directora de producción: M.ª Rosa Castillo

ISBN: 978-84-267-3788-5

D. L.: B 15674-2024

Impreso en Arteos
Printed in Spain

Libro ecológico
Impreso con papel procedente de bosques gestionados de manera eficiente, libre de cloro

A Tamara Llorens García, confidente,
amiga, familia y una gran persona

ÍNDICE

CÓMO USAR ESTE LIBRO

Como ya sabrás, este libro es diferente de otros libros de problemas resueltos. Por ello, me ha parecido adecuado incluir este apartado, con el fin de darte ideas y orientarte, para que puedas sacar el máximo partido y aproveches todas las oportunidades de aprendizaje que el libro pone a tu alcance. Por supuesto, puedes pasar de leer este apartado, pero te aconsejo que no lo hagas, pues te será de ayuda para organizar el trabajo que harás con las actividades propuestas.

Como verás, el libro está dividido en dos partes: en la primera están los enunciados de las actividades; en la segunda, las soluciones, aunque se incluyen también los enunciados, para que te resulte más cómodo de seguir, y no tengas que estar yendo de una página a otra mientras estás trabajando alguna actividad.

Desde luego, es normal que tengas la tentación de ir directamente a las soluciones. Si lo haces, no es grave, ya que podrás seguir las actividades como en los libros «normales» de problemas resueltos (encontrarás los enunciados y, seguidamente, las soluciones), pero estarás perdiendo la oportunidad de aprender mucho más. Te propongo que, antes de mirar las soluciones, leas con detenimiento los enunciados y tengas claro qué se pide en cada actividad y que, luego, intentes resolverlas, una por una. Ya verás cómo, haciéndolo así, disfrutarás más con las actividades propuestas y, además, irás teniendo más soltura a la hora de resolver problemas matemáticos. Asimismo, te recomiendo que, aunque tengas la convicción de que has resuelto correctamente las actividades, mires la solución después, ya que seguramente podrás descubrir algún detalle o algún matiz que te resultará útil para fortalecer tu capacidad para resolver problemas.

Volviendo a la estructura del libro, cada una de las dos partes (enunciados y soluciones) está dividida en tres secciones, llamadas «Para entender el problema», «Para planificar la resolución del problema» y «Para resolver el problema paso a paso y comprobar la solución». Me gustaría comentarte un poco de qué va cada sección:

• En la primera sección, «Para entender el problema», hay una gran cantidad de enunciados de problemas. Sin embargo, no se trata de que los resuelvas. Por supuesto, si quieres resolverlos (cuando sea posible), no seré yo quien te diga que no lo hagas. Pero no es lo que se pide, ya que esta primera parte tiene como finalidad que te adentres en los enunciados, que los entiendas, que los analices y que saques conclusiones de ellos, sin entrar en la resolución del problema. Por ello, encontrarás actividades en las que «solo» tendrás que indicar si el enunciado aporta todos los datos necesarios o no (y por qué), otras actividades en las que deberás averiguar si sobran datos del enunciado (y cuáles), otras en las que tendrás que deducir si hay algún dato absurdo (y cuál y por qué), otras en las que tendrás que deducir qué afirmaciones son ciertas (y por qué), otras en las que deberás rellenar los huecos en blanco del enunciado a partir de la información de la resolución, otras en las que tendrás que pensar qué pregunta se podría hacer a partir de los datos del enunciado, etc. En definitiva, son actividades para que puedas desgranar los enunciados de los problemas, pero sin entrar de lleno en su resolución.

• La segunda sección, «Para planificar la resolución del problema», está formada por actividades diversas para analizar la resolución de multitud de problemas. De nuevo, no tendrás que resolverlos, sino focalizar tu esfuerzo en desmenuzar los pasos seguidos en las resoluciones y, a la vez, analizar los razonamientos empleados y observar la manera en que se debe argumentar cuando se resuelve un problema. En este sentido, hay que tener en cuenta que resolver un problema no se limita a hacer unas cuantas operaciones; lo más importante de la resolución de un problema no son las operaciones en sí, sino las razones que llevan a hacer esas operaciones y la forma en que se justifican los pasos que se van dando. Para que puedas desarrollar la capacidad de razonar y argumentar sobre la resolución de problemas, en esta sección encontrarás actividades en las que tendrás que indicar qué enunciados se ajustan a una resolución dada, otras actividades en las que deberás emparejar correctamente algunos enunciados con sus resoluciones, otras en las que tendrás que decidir qué paso es el correcto para resolver el problema, otras en las que rellenarás los huecos en blanco de las resoluciones a partir de la información dada en los enunciados, otras en las que ordenarás los pasos dados en la resolución del problema, etc.

• Finalmente, en la tercera sección, «Para resolver el problema paso a paso y comprobar la solución», por fin podrás resolver los problemas planteados (¡seguro que ya lo estabas deseando!). De todas maneras, no te enfrentarás a ellos a solas, ya que te acompañarán las pistas o indicaciones necesarias para que vayas dando los pasos adecuados en las resoluciones, hasta completarlas y, en ocasiones, juzgar si la solución encontrada es coherente o lógica.

Por otro lado, para abordar en profundidad muchas de las actividades propuestas, te irá bien tener un cuaderno y un lápiz a mano. Te aconsejo que no te limites a resolver las actividades «de cabeza», sino que indagues en cada una de ellas y des la respuesta por escrito, de manera razonada, ordenada y justificada, para luego poder compararla con la que está en la segunda parte del libro. De este modo, gracias a un trabajo concienzudo, podrás acostumbrarte a actuar de manera sistemática cuando resuelvas un problema y expliques los pasos que has ido dando hasta llegar a la solución.

Aunque te aconsejo que recojas las soluciones en un cuaderno, si el libro es tuyo, puedes aprovechar que en muchas actividades se reserva un espacio para anotar una cruz, un número o algún dato que falte, con el fin de identificar las actividades que ya tienes resueltas y conocer a golpe de vista la solución. Sin embargo, debes tener en cuenta que este libro no es como una revista de usar y tirar, sino un objeto que podrás conservar durante toda la vida. Por ello, te recomiendo que no escribas en él con bolígrafo y que, si usas un lápiz, lo hagas de manera suave, para que se pueda borrar después. De este modo, podrás darle una segunda vida al libro, bien para ti (cuando seas mayor) o para algún familiar o amigo.

Por último, me gustaría hablarte de la posibilidad de que encuentres actividades que no puedas resolver, por necesitar de contenidos, conocimientos o saberes que aún no hayas estudiado. Si te ocurre esto y tienes muchas ganas de afrontarlas, puedes pedir ayuda a tus familiares, tus profesores o tus amigos, o incluso buscar información por tu cuenta en Internet o en algún libro. En todo caso, te propongo que no tengas prisa por hacer todas las actividades. La idea es que este libro te acompañe durante gran parte del curso, por lo que podrás ir retomando las actividades que hayas ido dejando sin hacer, conforme vayas incorporando los conocimientos necesarios. Precisamente para eso están los espacios del libro en los que puedes hacer alguna marca o escribir algo, para que te resulte más sencillo localizar las actividades pendientes.

Espero que este libro cumpla tus expectativas, y que te resulte útil y relativamente sencillo de seguir. Confío en que, después de trabajar con él, mejores notablemente tus capacidades matemáticas.

Recuerda que, si quieres seguir abordando problemas matemáticos con este método durante los próximos años, hay un libro para cada curso de la ESO.

Juan Diego

ENUNCIADOS DE LOS PROBLEMAS

PARA ENTENDER EL PROBLEMA

1. Varios amigos desayunan en una cafetería, cuyos precios se muestran más abajo. Han pedido dos cafés con leche, un café solo, un té, dos tostadas enteras, media tostada y un cruasán. ¿Puedes responder a estas preguntas con los datos que tienes? Justifica la respuesta.

   Café solo: 1,20 €
   Café con leche: 1,40 €

   Té e infusiones: 1,20 €
   Chocolate caliente: 2,10 €

   Media tostada: 1,30 €
   Tostada entera: 1,70 €

   Cruasán: 0,75 €
   Magdalena: 0,40 €

   a) ¿Cuánto dinero gastaron en total?

   ☐ Sí puedo responder a la pregunta.

   ☐ No puedo responder a la pregunta.

   b) ¿Cuántos amigos formaban el grupo?

   ☐ Sí puedo responder a la pregunta.

   ☐ No puedo responder a la pregunta.

   c) Si pagaran a partes iguales, ¿cuánto dinero pagaría cada uno?

   ☐ Sí puedo responder a la pregunta.

   ☐ No puedo responder a la pregunta.

   d) Si más tarde llegó otro amigo y pidió un chocolate caliente y una magdalena, ¿cuánto tendría que pagar?

   ☐ Sí puedo responder a la pregunta.

   ☐ No puedo responder a la pregunta.

e) ¿Cuál es el billete más pequeño con el que se puede pagar todo lo consumido, si se quiere dejar 1 € de propina?

☐ Sí puedo responder a la pregunta.

☐ No puedo responder a la pregunta.

2. En esta cafetería, los camareros se reparten las propinas dependiendo del tiempo que trabaja cada uno. En total, hay cuatro camareros: Antonio, Basilio, Carlos y Daniel. Antonio y Basilio trabajan 30 horas semanales cada uno; Carlos, 25 horas semanales, y Daniel, 15 horas semanales.

a) Completa la siguiente tabla, con los datos del enunciado:

CAMARERO	HORAS SEMANALES	PORCENTAJE
Antonio		
Basilio		
Carlos		
Daniel		
TOTAL	100	100 %

b) Teniendo en cuenta los datos recogidos en la tabla, ¿es posible calcular la cantidad semanal que cada camarero recibe en propinas? ¿Por qué?

☐ Sí puedo responder a la pregunta.

☐ No puedo responder a la pregunta.

c) Por término medio, cada día van 160 clientes a la cafetería, los cuales realizan una consumición media de 3,20 €. Con estos datos, ¿se podría calcular cuánto dinero, por término medio, se hace de caja a la semana? En caso afirmativo, indica las operaciones que habría que efectuar; en caso negativo, explica por qué.

☐ Sí puedo responder a la pregunta.

☐ No puedo responder a la pregunta.

d) Si se sabe que la caja semanal, por término medio, es de 3584 €, ¿se puede averiguar cuánto dinero recibe cada camarero de propinas al cabo de una semana? ¿Por qué?

☐ Sí puedo responder a la pregunta.

☐ No puedo responder a la pregunta.

e) Si los clientes tuvieran que dejar obligatoriamente una propina del 10 % de la cantidad consumida, como ocurre en algunos países, ¿se podría saber cuánto ganaría cada camarero de propinas, por término medio, al cabo de una semana?

☐ Sí puedo responder a la pregunta.

☐ No puedo responder a la pregunta.

3. Uno de los camareros de la cafetería pretende colocar varias botellas en una caja de base rectangular, de manera que todas las botellas queden de pie, sin apilar, perfectamente apoyadas sobre el fondo de la caja. Indica si puedes responder a estas preguntas con los datos que tienes. Explica por qué.

a) Como mucho, ¿cuántas botellas puede colocar en la caja de esta manera?

☐ Sí puedo responder a la pregunta.

☐ No puedo responder a la pregunta.

b) El camarero ha colocado seis botellas iguales, de base cuadrada, y han quedado perfectamente encajadas, sin dejar huecos en el fondo de la caja. ¿Cuánto mide el lado de la base de las botellas?

☐ Sí puedo responder a la pregunta.

☐ No puedo responder a la pregunta.

c) Si el lado de la base de cada botella mide 9 cm, ¿qué superficie tiene el fondo de la caja?

☐ Sí puedo responder a la pregunta.

☐ No puedo responder a la pregunta.

d) ¿Cuáles son las dimensiones de la base de la caja?

☐ Sí puedo responder a la pregunta.

☐ No puedo responder a la pregunta.

e) Si la altura de cada botella es igual al doble del lado de la base, ¿cuál es la altura de la caja?

☐ Sí puedo responder a la pregunta.

☐ No puedo responder a la pregunta.

f) El precio de cada botella es de 3,28 €. ¿Cuál es el precio de la caja?

☐ Sí puedo responder a la pregunta.

☐ No puedo responder a la pregunta.

4. Indica si se puede resolver cada uno de los siguientes problemas con la información de sus enunciados. Justifica la respuesta.

➢ El depósito de gasolina de un coche tiene una capacidad de 49 L, y su dueña nunca espera a que esté casi vacío para ir a repostar. Un día, llenó completamente el depósito por 28 €. ¿Cuántos litros de gasolina tenía antes de llenarlo por completo?

☐ Sí lo puedo resolver con estos datos.

☐ No lo puedo resolver con estos datos.

➢ Mercedes trabaja en una oficina, desde las 8:00 h hasta las 15:00 h, de lunes a viernes. Su marido trabaja de repartidor, también de lunes a viernes, pero de 12:00 h a 20:00 h. ¿Cuántas horas, como máximo, pueden pasar juntos a la semana?

☐ Sí lo puedo resolver con estos datos.

☐ No lo puedo resolver con estos datos.

➢ Una bicicleta holandesa, de importación, cuesta 930 € en una tienda de España. El mismo modelo de bicicleta se vende en las tiendas de Holanda por 600 €. ¿Cuál es el beneficio que obtiene la tienda española por la venta de este modelo de bicicleta?

☐ Sí lo puedo resolver con estos datos.

☐ No lo puedo resolver con estos datos.

➢ Rocío está organizando una fiesta, a la que asistirán 12 de sus amigos, cada uno de los cuales irá acompañado de otra persona. En la fiesta también estarán los padres de Rocío, sus dos hermanos y, por supuesto, Rocío. Ha calculado que serán necesarias cuatro latas de refresco por cada persona que esté en la fiesta. ¿Cuántas latas de refresco necesita Rocío para su fiesta?

☐ Sí lo puedo resolver con estos datos.

☐ No lo puedo resolver con estos datos.

➢ En una ferretería, se venden tornillos de diferente longitud. Los tornillos más pequeños se venden en bolsas de 20 unidades, mientras que los más grandes se venden por pares. Si una bolsa de tornillos pequeños cuesta 90 céntimos, ¿cuánto costará un par de tornillos grandes?

☐ Sí lo puedo resolver con estos datos.

☐ No lo puedo resolver con estos datos.

➢ Un operario apoya una escalera de 6 m de longitud en una pared para colocar unos cables en la fachada. ¿A qué distancia de la pared queda el pie de la escalera?

☐ Sí lo puedo resolver con estos datos.

☐ No lo puedo resolver con estos datos.

➢ Un tablero de ajedrez está compuesto por 64 escaques cuadrados, que forman, a su vez, un cuadrado de 8 × 8. Cada escaque tiene una superficie de 16 cm^2. ¿Cuánto mide el lado del tablero?

☐ Sí lo puedo resolver con estos datos.

☐ No lo puedo resolver con estos datos.

➤ La superficie de la suela de una babucha del número 42 es de 261,3 cm². ¿Cuánto mide la superficie de la suela de una babucha del número 39?

☐ Sí lo puedo resolver con estos datos.

☐ No lo puedo resolver con estos datos.

➤ El rodapié de una habitación rectangular mide un total de 18 m (lineales). ¿Cuál es la superficie de la habitación?

☐ Sí lo puedo resolver con estos datos.

☐ No lo puedo resolver con estos datos.

➤ La llanta de la rueda de una bicicleta mide 2,2 m. ¿Cuánto mide el radio de la rueda?

☐ Sí lo puedo resolver con estos datos.

☐ No lo puedo resolver con estos datos.

5. Lee los siguientes enunciados e indica qué datos no son necesarios para resolver cada problema, si es que los hay. Explica la razón.

➤ Por una autovía, un coche circula a 110 km/h durante dos horas y media, recorriendo 275 km. Manteniendo esa misma velocidad, ¿qué distancia recorrería en una hora y media?

➤ En un supermercado, hay una oferta de «3 × 2» en todos los productos lácteos, y un descuento del 10 % en artículos de papelería y librería. Enrique, que tiene 28 años, ha comprado un libro cuyo precio, antes del descuento, era de 17,90 €. ¿Cuál es el importe que Enrique tendrá que abonar en caja?

➤ A las siete de la mañana de un día de invierno, la temperatura en la calle era de cuatro grados bajo cero. Luego fue subiendo, a razón de un grado cada hora, hasta las 12 del mediodía. A partir de ese momento, la temperatura volvió a bajar, llegando a dos grados bajo cero a las 13:00 h. Entre las 13:00 h y las 16:00 h, la temperatura se mantuvo constante y, posteriormente, fue bajando aún más durante la tarde, hasta que, al llegar las 21:00 h, hacía una temperatura de seis grados bajo cero. ¿Qué temperatura hacía a las 12 del mediodía?

➢ Miguel tiene tres cajas grandes. Dentro de cada caja grande, hay tres cajas pequeñas y, dentro de cada una de ellas, hay tres monederos, con tres monedas cada uno: una moneda de 1 €, una moneda de 50 céntimos y una moneda de 20 céntimos. Expresa mediante una potencia el número de monedas que Miguel tiene en total.

➢ Un monomio es semejante a $3x^2$, y su coeficiente es 7. ¿Cuál es el grado de ese monomio?

➢ Si a Felipe le pagaran 10 € más por cada día de trabajo, cobraría 220 € más al mes. Si su sueldo actual es de 1450 €, ¿cuántos días trabaja Felipe al mes?

➢ El área de un rectángulo es de 54 cm², y su largo mide 9 cm. ¿Cuánto mide el ancho del rectángulo?

➢ El resultado de sumar dos números consecutivos es 63. Además, los dos números son de distinta paridad, es decir, uno es par y el otro es impar. ¿Cuáles son esos números?

➢ Una parcela rectangular tiene unas dimensiones de 130 m × 80 m. Dentro de esta parcela hay una vivienda, con una superficie de 130 m², una pista de tenis de 23,77 m × 8,23 m, una piscina de 60 m² y una zona de *parking* de 50 m². El resto de la parcela está formado por jardines y zonas de recreo. ¿Qué superficie ocupa la pista de tenis? ¿Y la vivienda junto con la zona de *parking*?

> ➤ Una calle recta tiene una anchura de 12 m y una longitud de 53 m. Las aceras miden 2,5 m de ancho y no hay ningún tramo de la calle sin acera. ¿Qué superficie ocupa cada acera?

> ➤ Una alfombra de baño tiene forma de hexágono regular. Su lado mide 25 cm y su perímetro es de un metro y medio. ¿Cuál es la superficie de la alfombra?

> ➤ La pantalla de un *smartphone* mide 6 cm de ancho y 10 cm de largo. ¿Cuántas pulgadas tiene? (Una pulgada son 2,54 cm)

> ➤ El cuaderno de María tiene dos tapas y 44 hojas, de 19 cm de ancho y 27 cm de alto. Un día, María colocó su cuaderno de pie sobre la mesa, con las tapas formando un ángulo recto, y dispuso las hojas de manera que, vistas desde arriba, las hojas consecutivas formaban siempre el mismo ángulo. ¿Cuál es la medida del ángulo que formaban las hojas consecutivas?

6. Algunos de estos enunciados contienen alguna información sin sentido (puede ser la pregunta, algún dato, la forma en la que están escritos…). Identifica cuáles son los errores en cada caso y razona por qué.

> ➤ Unos amigos hacen una marcha por la sierra, comenzando en un pueblo situado a 1300 m sobre el nivel del mar. Durante la primera parte de su recorrido, van ascendiendo, hasta alcanzar los 1800 m y, posteriormente, descienden, hasta llegar a otro pueblo situado a una altura inferior a la anterior en 600 m. Después de comer y de descansar un par de horas, vuelven al pueblo de partida por un camino descendente, distinto del recorrido antes. Escribe las operaciones con números enteros que permitan determinar la altura sobre el nivel del mar de cada tramo del recorrido.
>
> ¿Dónde está el fallo?

> ➤ La madre de Luis le ha dado 20 € para que compre varias cosas en el supermercado: una barra de pan, una docena de huevos, un paquete de galletas y tres kilos de tomates. Si la barra de pan cuesta 1,20 €, la docena de huevos 1,80 €, y el paquete de galletas 2,30 €, ¿cuánto le costará el kilo de tomates?
>
> ¿Dónde está el fallo?

> ➤ Juan ha conseguido ahorrar los 55 € que necesitaba para comprarse una sudadera de su equipo favorito. Cuando va a la tienda, resulta que han rebajado la sudadera un 20 %, y decide comprarse una pelota, gastándose el dinero del descuento en ella. Si le sobraron 2,70 €, ¿cuál era el precio de la pelota?
>
> ¿Dónde está el fallo?

➤ El Jet A1 es un quero-
seno que se utiliza como
combustible en las turbi-
nas de los motores a reacción
de los aviones. Se sabe que un
Boeing 747 consume 11,8 L de Jet
A1 por cada kilómetro recorrido. Teniendo en cuenta que las maniobras de
aproximación para el aterrizaje de un Boeing
747 se desarrollan a lo largo de unos 120 km, ¿cuánto Jet A1 consume un Boeing 747 para despegar?

¿Dónde está el fallo?

➤ El padre de Héctor tiene 38 años, y su madre, 32. Sabiendo que la edad
de Héctor es igual a la semisuma de las edades de sus padres, ¿cuál es la
edad de Héctor?

¿Dónde está el fallo?

➤ Elena tarda en ir de su casa al instituto el doble de lo que tarda Rubén,
porque este va en bicicleta. Si Rubén vive a 1800 m del instituto, ¿a qué
distancia vive Elena?

¿Dónde está el fallo?

➤ Un pintor tarda tres días en pintar una valla, y otro hace el mismo trabajo
en cuatro días. ¿Cuánto tardará en pintar una valla igual otro pintor, que
no sea ninguno de estos dos?

¿Dónde está el fallo?

➤ Para comprar un coche, Rosa ha gastado el 40 % de sus ahorros y ahora
tiene 23 264,07 €. ¿Cuánto dinero tenía antes de comprarse el coche?

¿Dónde está el fallo?

➤ En un supermercado, para vender más, han decidido ampliar el horario
de apertura, de manera que ahora está abierto de 9:00 h a 21:45 h. Antes
abrían a las 10:00 h y cerraban a las 21:00 h. ¿Cuánto tiempo más está
abierto ahora cada día? ¿En qué porcentaje ha aumentado el tiempo que
permanece cerrado?

¿Dónde está el fallo?

➤ Un tren sale de Madrid a las siete de la mañana y llega a Alicante dos horas y 43 minutos más tarde. A la misma hora, sale de Alicante un autobús con destino Madrid. Si la velocidad del tren es el triple que la velocidad del autobús, ¿a qué distancia estarán de Madrid cuando se crucen? ¿Y de Alicante?

¿Dónde está el fallo?

➤ Laura tiene 50 €, y se los gasta de la siguiente manera: el 20 % en ir a cenar con sus amigos a una hamburguesería, el 70 % en ropa y el 25 % en un libro. ¿Cuánto dinero se ha gastado Laura en cada cosa?

¿Dónde está el fallo?

➤ Una recta es tangente a una circunferencia. Si denotamos por O el centro de la circunferencia y por A el punto de tangencia, resulta que el segmento OA mide 10 cm. Otro punto de la circunferencia, llamado B, cumple que el segmento AB mide 8 cm, mientras que el segmento OB mide 6 cm. Se considera el triángulo de vértices O, A y B. ¿Es un triángulo rectángulo?

¿Dónde está el fallo?

➤ Sobre el plano de una ciudad, se ven cuatro restaurantes, A, B, C y D, que son los vértices consecutivos de un trapecio, siendo AB y CD los lados paralelos. En este trapecio, los ángulos A, B y C miden, respectivamente, 80°, 60° y 100°. ¿Cuánto mide el ángulo D?

¿Dónde está el fallo?

➤ En un triángulo rectángulo, uno de los catetos mide 12 cm, y la hipotenusa, 10 cm. ¿Cuánto mide el otro cateto?

¿Dónde está el fallo?

➤ La azotea de un rascacielos tiene forma rectangular, y mide 20 m de ancho y 28 m de largo. Dentro de ella, hay un helipuerto circular, de 11 m de radio. ¿Cuánto mide la superficie de la azotea que no está ocupada por el helipuerto?

¿Dónde está el fallo?

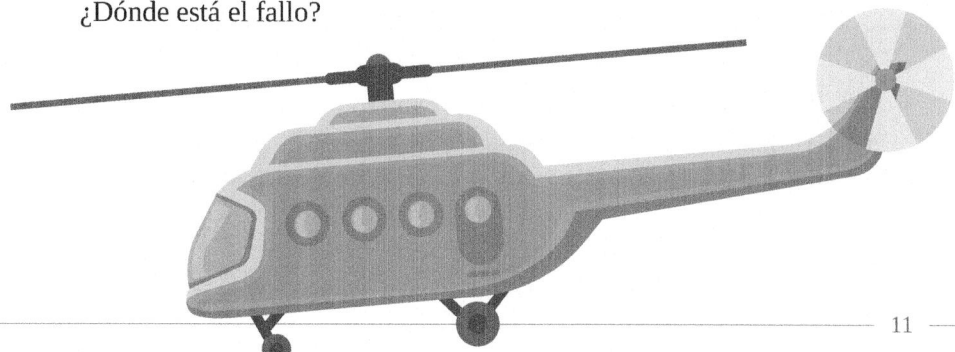

> ➢ Las Torres KIO son dos edificios rectos, pero inclinados, situados junto a la plaza de Castilla, en Madrid. Cada uno de estos dos edificios alcanza una altura de 115 m, y las fachadas inclinadas forman con el suelo un ángulo de 75°. El pico de la parte superior de cada edificio «vuela» 30 m respecto de la vertical de la base y, en él, la fachada inclinada forma un ángulo de 30° con la vertical. ¿Cuál es la longitud de la fachada inclinada?
>
> ¿Dónde está el fallo?

7. Lee el siguiente enunciado e indica si las frases que aparecen a continuación son verdaderas (marcando la «V»), son falsas (marcando la «F») o si el enunciado no da información suficiente para saberlo (marcando «NS»). Posteriormente, justifica las respuestas.

Como consecuencia del descuido de unos campistas, se ha incendiado una superficie de 300 ha de monte. La mayoría de la superficie quemada estaba plantada de pinos, aunque también había alcornoques (un 15 %), algarrobos (un 12 %) y eucaliptos (un 6 %). Por suerte, en ese monte no había viviendas, por lo que nadie ha tenido que ser evacuado de su casa. Además, había muchos caminos y cortafuegos, gracias a los cuales el fuego no se ha extendido a otras zonas, a pesar del intenso viento, que complicó las labores de extinción.

	V	F	NS
1. Aproximadamente, una tercera parte de la superficie calcinada estaba sembrada de alcornoques, algarrobos y eucaliptos	◯	◯	◯
2. El 67 % de la superficie quemada estaba sembrada de pinos	◯	◯	◯
3. Como no había viviendas en la zona, nadie ha resultado herido	◯	◯	◯
4. La superficie de pinos que se ha quemado es, como mucho, de 150 ha	◯	◯	◯
5. La superficie de pinos que se ha quemado es, al menos, de 150 ha	◯	◯	◯
6. Se han quemado 45 alcornoques, 36 algarrobos y 18 eucaliptos	◯	◯	◯
7. Si no hubiera habido tanto viento, se habría quemado menos monte	◯	◯	◯
8. Se han quemado más de 600 pinos	◯	◯	◯

8. Observa la resolución de cada uno de los siguientes problemas y completa los huecos que hay en sus enunciados.

> El día _____ , la temperatura en Madrid era de tres grados bajo cero, mientras que en _____ era de __ grados. ¿Qué diferencia de temperatura había en esas dos ciudades ese día?

Para calcular la diferencia de temperatura que había entre Madrid y Río de Janeiro el día 1 de enero, tenemos que restar las temperaturas de ambas ciudades ese día, colocando en primera posición la mayor de ellas (la de Río de Janeiro): $26 - (-3) = 26 + 3 = 29$

Solución: la diferencia de temperatura entre esas dos ciudades el día 1 de enero era de 29 grados.

> ¿Qué cifra se debe colocar _____ del número __ para obtener un número de _____ cifras que sea divisible entre __ ?

Para que un número sea divisible entre 9, es necesario que la suma de sus cifras también lo sea. Como la suma de las cifras del número 3674 es igual a 20 (claramente, $3 + 6 + 7 + 4 = 20$), la cifra que debe colocarse delante debe ser 7, porque así, al sumar las cinco cifras, se obtiene 27, que es divisible entre 9.

Solución: para obtener un número de cinco cifras que sea divisible entre 9, se debe colocar delante la cifra 7.

> A primera hora de la mañana, Pablo abrió una botella de _____ de leche y se sirvió un vaso de __ . Después, _____ tomó 125 ml, y Raúl, un vaso de ___ . ¿Qué cantidad de leche, expresada en _____ , quedó en la botella después de que desayunaran los tres?

Como la cantidad de leche que había al abrir la botella está expresada en litros, en primer lugar, la pasamos a mililitros, que es la unidad en que se pide la respuesta:

$$1,5 \text{ L} = 1500 \text{ ml}$$

De la misma manera, pasamos a mililitros la cantidad de leche consumida por Pablo y por Raúl:

Pablo: 2 dl = 200 ml

Raúl: 30 cl = 300 ml

La cantidad de leche que tomó Marta ya está expresada en mililitros, por lo que no hay que cambiarla de unidades.

Para calcular la cantidad de leche consumida entre los tres, sumamos:

$$200 + 125 + 300 = 625$$

Finalmente, para hallar la cantidad de leche que quedó en la botella, restamos:

$$1500 - 625 = 875$$

Solución: después de que desayunaran los tres, quedaron 875 ml de leche en la botella.

➢ El candidato de un partido a unas elecciones estuvo __ días de campaña electoral. Dedicó _____ partes de esos días a dar mítines y a «hablar con la gente», la _____ parte a reunirse con sus asesores y el resto de los días a _____ . ¿Cuántos _____ dedicó a cada una de estas actividades?

Para saber cuántos días estuvo dando mítines y «hablando con la gente», hacemos:

$$\frac{3}{4} \text{ de } 20 = \frac{3}{4} \cdot 20 = \frac{3 \cdot 20}{4} = 3 \cdot 5 = 15$$

De manera similar, para hallar el número de días que se reunió con sus asesores, calculamos:

$$\frac{1}{10} \text{ de } 20 = \frac{1}{10} \cdot 20 = \frac{1 \cdot 20}{10} = 2$$

Por tanto, a visitar empresas dedicó tres días, porque $20 - 15 - 2 = 3$.

Solución: dedicó 15 días a dar mítines y a «hablar con la gente», dos días a reunirse con sus asesores y tres días a visitar empresas.

➤ Una habitación cuadrada tiene una superficie de _____ m². ¿Cuánto mide el _____ de la habitación?

Como la habitación es cuadrada, para calcular su lado, tenemos que hallar la raíz cuadrada de su superficie. De este modo, resulta que el lado mide $\sqrt{16} = 4$ m.

Solución: el lado de la habitación mide 4 m.

➤ En una avenida hay una rotonda de ___ m de diámetro. La rotonda está compuesta por una zona ajardinada, de forma _____ , y una acera que la rodea, de __ m de anchura. ¿Qué superficie ocupa _____ ?

En primer lugar, calculamos el radio de la rotonda, para lo cual dividimos su diámetro por 2:

$$18 / 2 = 9 \text{ m}$$

Como la acera tiene una anchura de 2 m, el radio de la zona ajardinada mide 7 m, porque $9 - 2 = 7$.

Entonces, la superficie de la zona ajardinada se calcula así:

$$A = \pi \cdot r^2 = \pi \cdot 7^2 = 3,14 \cdot 49 = 153,86 \text{ m}^2$$

Solución: la zona ajardinada tiene una superficie de 153,86 m².

➤ Aurelio ha comprado un edredón nórdico, con unas dimensiones de _____ m × _____ m, para colocarlo en su cama, que mide _____ m de largo y _____ m de ancho. ¿Qué superficie del edredón queda «colgando» por fuera de la cama?

En primer lugar, calculamos la superficie del edredón:

$$A_{EDREDÓN} = 2,6 \cdot 2,2 = 5,72 \text{ m}^2$$

A continuación, calculamos la superficie de la cama:

$$A_{CAMA} = 2 \cdot 1,5 = 3 \text{ m}^2$$

Finalmente, restamos: $5,72 - 3 = 2,72 \text{ m}^2$

Solución: la superficie del edredón que queda «colgando» por fuera de la cama es de $2,72 \text{ m}^2$.

➢ Ángela tiene unos pendientes con forma de _____ . Si el ángulo que forman los dos lados iguales es de _____ , ¿cuánto miden los otros dos ángulos?

En primer lugar, observemos que, al tratarse de un triángulo isósceles, los otros dos ángulos son iguales, por lo que podemos llamar x a la medida de ambos.

Por otro lado, como la suma de los tres ángulos de un triángulo siempre es igual a 180°, teniendo en cuenta la medida del ángulo que forman los dos lados iguales, tenemos la ecuación:

$$x + x + 20 = 180$$

Resolviéndola, resulta:

$$2x = 180 - 20 \rightarrow 2x = 160 \rightarrow x = \frac{160}{2} \rightarrow x = 80$$

Solución: cada uno de los otros dos ángulos mide 80°.

➢ A Maite se le cayó una moneda de _____ , y estuvo rodando por el suelo una distancia de _____ m, hasta que la cogió. Si el radio de esta moneda mide _____ mm, ¿cuántas vueltas dio?

En primer lugar, calculamos la medida del contorno de la moneda de 2 €, que es igual a la distancia que recorre con cada vuelta que da:

$$L = 2\pi r = 2 \cdot 3,14 \cdot 12,875 = 80,855 \text{ mm}$$

A continuación, expresamos en milímetros la distancia recorrida por la moneda, para tener las mismas unidades:

$$2,1022 \text{ m} = 2102,2 \text{ mm}$$

Por último, dividimos:

$$\frac{2102,2}{80,855} = 25,9996$$

Solución: la moneda dio 26 vueltas.

9. Lee los siguientes enunciados y escribe, para cada uno de ellos, una pregunta que pueda contestarse con los datos aportados.

   ➤ Un número tiene tres cifras. La cifra de las centenas es el doble de la cifra de las decenas, y esta cifra es el triple de la cifra de las unidades.

   Una posible pregunta es:

   ➤ Un padre y sus dos hijos, que son menores de 12 años, hacen un viaje en autobús. El precio del billete de adulto es de 19,45 €, mientras que el billete para menores de 12 años cuesta 11,20 €.

   Una posible pregunta es:

   ➤ Un globo de helio sube rápidamente hasta los 40 m de altura y permanece a esa altura durante un tiempo. Después, desciende 12 m y, a continuación, sube 4 m. En ese momento explota.

   Una posible pregunta es:

   ➤ En una clase de 32 estudiantes de 1.º de ESO, las cinco octavas partes tienen el pelo largo.

   Una posible pregunta es:

   ➤ Lucrecia tiene tres billetes de 50 €, cuatro billetes de 20 € y tres billetes de 5 €.

   Una posible pregunta es:

   ➤ El ventanal de un salón tiene forma rectangular, y sus medidas son: 2,5 m de largo y 1,35 m de ancho.

   Una posible pregunta es:

- ➤ El producto de dos números consecutivos es 42.

  Una posible pregunta es:

- ➤ El precio de unos pantalones, antes de añadir el impuesto sobre el valor añadido (IVA), es de 43 €. Se sabe que el IVA que se aplica a los pantalones es del 21 %.

  Una posible pregunta es:

- ➤ Cada día laborable, Álvaro invierte ocho horas en dormir, ocho en trabajar, tres en comer (entre el desayuno, la comida, la merienda y la cena), 50 minutos en su higiene personal, 30 minutos en labores domésticas, 40 minutos en desplazamientos y una hora en ver la televisión. El resto del tiempo lo dedica a leer.

  Una posible pregunta es:

- ➤ En el año 2050, Elías cumplirá 47 años.

  Una posible pregunta es:

- ➤ Silvia ha estado trabajando en una fábrica durante 25 días, y ha ganado 1125 €.

  Una posible pregunta es:

➢ Si Paco cobrara 340 € menos, su sueldo quedaría reducido a las tres cuartas partes.

Una posible pregunta es:

➢ Una clase de 1.º de ESO está formada por 27 personas, entre chicos y chicas. Se sabe que hay el doble de chicos que de chicas.

Una posible pregunta es:

➢ En una tienda hay dos tipos de leche: desnatada y semidesnatada. La botella de leche semidesnatada cuesta cuatro céntimos más que la de desnatada. Un día, compré dos botellas de leche desnatada y cuatro de semidesnatada, y me cobraron 5,38 €.

Una posible pregunta es:

➢ Después de gastar un tercio de una tableta de chocolate, quedan 200 g.

Una posible pregunta es:

➢ Los centros de dos circunferencias se encuentran a 12 cm de distancia. El radio de una de ellas mide 4 cm, y el de la otra, 6 cm.

Una posible pregunta es:

➢ Varios cables de acero totalmente tensos sujetan una torre eléctrica por su parte superior. Cada cable mide 13 m y está anclado al suelo, a una distancia de 5 m del pie de la torre.

Una posible pregunta es:

➢ El ayuntamiento de un pueblo ha decidido colocar un monumento en una plaza con forma triangular, de manera que esté a la misma distancia de las tres esquinas de la plaza.

Una posible pregunta es:

➢ En un museo, hay una sala con forma de trapecio, que ocupa una superficie de 276 m². Las dos paredes paralelas de la sala miden, respectivamente, 20 m y 26 m.

Una posible pregunta es:

➢ En un torreón, hay un ventanuco semicircular de 60 cm de diámetro.

Una posible pregunta es:

> Tres pueblos, *A*, *B* y *C*, están comunicados entre sí por carreteras rectas. Las dos carreteras que pasan por *A* forman un ángulo de 40°, y las dos que pasan por *B* forman un ángulo de 70°.

Una posible pregunta es:

> Una mesa de billar mide 2,74 m de largo y tiene una superficie de 4 m².

Una posible pregunta es:

> Un arquitecto ha diseñado un edificio de 30 pisos de altura, cuya planta es un heptágono regular de 20 m de lado y 20,77 m de apotema.

Una posible pregunta es:

> El London Eye es una enorme noria panorámica situada junto al río Támesis, en Londres. Tiene 32 cápsulas, donde entran las personas que quieren disfrutar de las vistas, igualmente espaciadas a lo largo del contorno de la noria.

Una posible pregunta es:

> El perímetro de un decágono regular mide 60 cm.

Una posible pregunta es:

10. Escribe las siguientes frases en lenguaje algebraico, como se muestra en el ejemplo.

> Ejemplo:
> En un frutero, había varias naranjas, y me he comido dos: $x - 2$

➤ El sueldo de Anselmo, después de un aumento de 100 €.

➤ El precio de varias barras de pan, si cada una cuesta 0,65 €.

➤ La mitad de la edad de la madre de Piedad.

➤ El ordenador de Iván tiene 250 gigas más que el de Conchi.

➤ La edad que tenía Julián hace seis años.

➤ Lucía tiene 50 € menos del doble del dinero que tiene Jorge.

➤ Dos números consecutivos.

➤ El perímetro de un cuadrado.

➤ Las dimensiones de un rectángulo que tiene dos metros más de largo que de ancho.

➤ Gabriel gana un sueldo fijo de 600 €, más 150 € por cada coche que vende.

➤ Los ingresos totales de Manolo y Puri, quien gana 200 € más que Manolo.

➢ Las tres cuartas partes de un montón de caramelos.

➢ El dinero que me queda, después de gastar las cinco octavas partes.

➢ El dinero que tiene Álvaro, quien posee varios billetes de 20 € y varios billetes de 100 €.

➢ La nota media de dos exámenes.

➢ La cantidad de agua que queda en un depósito, si se gastan 1000 L cada día.

11. Señala, en cada caso, la frase que se corresponda con la expresión algebraica.

➢ $2x + 7$

☐ Faltan siete años para que mi padre tenga el doble de mi edad.

☐ La edad que tendrá mi padre dentro de siete años, si ahora tiene el doble que yo.

☐ El doble de la edad que tendrá mi padre dentro de siete años.

➢ $5(x - 55)$

☐ Mis ahorros de cinco meses, si cada mes gasto 55 €.

☐ Mis ahorros de cinco meses, si me pagaran 55 € más cada mes.

☐ Mis ahorros de cinco meses, si ahorrara 55 € cada mes.

➢ $x - \dfrac{2x}{7}$

☐ La distancia que me queda por recorrer, si he recorrido 2/7 km.

☐ La distancia que he recorrido, si todavía me quedan 2/7 del viaje.

☐ La distancia que me queda por recorrer, menos 2/7 del viaje.

➢ $2x + 2y$

☐ El área de dos cuadrados.

☐ El área de un rectángulo.

☐ El perímetro de un rectángulo.

12. En un instituto se ha realizado un estudio estadístico para conocer la estatura del alumnado de la ESO. Responde a las siguientes preguntas, relacionadas con este estudio.

 a) ¿Cuál es la población?

 b) ¿Cuál es la variable estadística?
  ¿De qué tipo es?

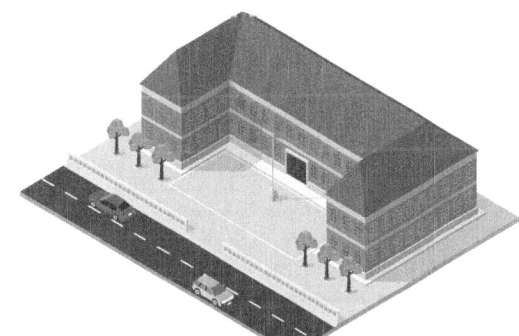

 c) Si, para realizar el estudio, no se observara toda la población, sino una muestra, ¿sería adecuado medir solo la estatura del alumnado de 1.º de ESO? ¿Por qué?

 d) ¿Y medir solo al alumnado de 4.º de ESO?
  ¿Por qué?

 e) ¿Te parecería razonable dividir la población en dos subpoblaciones: una formada por los chicos y otra formada por las chicas? ¿Por qué?

 f) ¿Y dividirla en otras dos subpoblaciones: una formada por las personas que usan gafas y otra por las que no? ¿Por qué?

 g) Se ha medido la estatura de todo el alumnado de la ESO, y se ha obtenido la estatura media por curso que se muestra en la tabla. ¿Se podría calcular la estatura media del alumnado de la ESO de este instituto con estos datos? ¿Por qué?

Curso	Estatura media
1.º de ESO	1,48 m
2.º de ESO	1,58 m
3.º de ESO	1,66 m
4.º de ESO	1,71 m

 h) Si la respuesta a la pregunta anterior es afirmativa, indica cómo se calcularía la estatura media; si es negativa, indica qué datos serían necesarios.

 i) Teniendo en cuenta los datos de la tabla, ¿se podría asegurar que todas las personas de 2.º de ESO miden más de 1,48 m, que es la media de 1.º de ESO? ¿Por qué?

13. En la tabla, se muestra el salario medio anual bruto (antes de pagar impuestos), correspondiente al año 2022, en varios países de Europa, ordenados alfabéticamente. Para los países que no tienen el euro como moneda oficial, indicados con (*), se ha hecho la conversión a euros (*fuente*: <datosmacro.com>).

País	Salario medio anual
Alemania	55 041 euros/año
Austria	52 666 euros/año
Bélgica	55 332 euros/año
Bulgaria (*)	10 840 euros/año
Dinamarca (*)	62 933 euros/año
España	28 360 euros/año
Finlandia	50 774 euros/año
Francia	41 540 euros/año
Grecia	19 912 euros/año
Países Bajos	57 513 euros/año
Italia	33 855 euros/año
Noruega (*)	65 935 euros/año
Portugal	21 606 euros/año
Reino Unido (*)	51 949 euros/año
Suiza (*)	100 413 euros/año

a) ¿De cuántos países se aportan datos?

b) ¿En cuántos de estos países se cobra un salario medio anual bruto superior a 40 000 €? ¿Cuáles son estos países?

c) Ordena los países de la tabla, de mayor a menor salario medio anual bruto.

d) ¿Qué posición ocupa España en el *ranking* anterior?

e) ¿Cuáles son los países en los que el salario medio anual bruto es menor que en España?

f) Según los datos de la tabla y la respuesta a las cuestiones anteriores, ¿dirías que España es un país rico dentro de Europa? ¿Por qué?

g) ¿Los datos de la tabla son suficientes para asegurar que la respuesta a la cuestión anterior es totalmente cierta? Si la respuesta es afirmativa, indica por qué; si es negativa, indica qué datos se necesitarían.

h) Con los datos de la tabla, ¿se podría calcular el salario medio mensual bruto en España? En caso negativo, explica por qué; en caso afirmativo, indica qué operación se tendría que hacer. Ten en cuenta que, normalmente, son 14 pagas anuales: una cada mes y dos pagas extra.

i) ¿Se podría saber cuál es el sueldo más común en España? Justifica la respuesta.

PARA PLANIFICAR LA RESOLUCIÓN DEL PROBLEMA

14. Analiza las operaciones realizadas en la resolución y señala cuáles de los siguientes enunciados se podrían resolver de este modo. Para los enunciados que no puedan resolverse así, explica la razón.

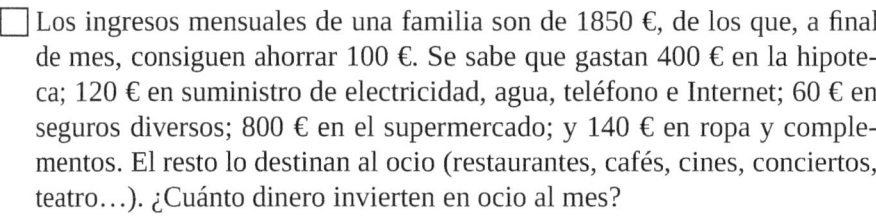

En primer lugar, sumamos las cantidades que debemos restar de la inicial:

$100 + 400 + 120 + 60 + 800 + 140 = 1620$

En segundo lugar, restamos el resultado obtenido del dato inicial: $1850 - 1620 = 230$

☐ Los ingresos mensuales de una familia son de 1850 €, de los que, a final de mes, consiguen ahorrar 100 €. Se sabe que gastan 400 € en la hipoteca; 120 € en suministro de electricidad, agua, teléfono e Internet; 60 € en seguros diversos; 800 € en el supermercado; y 140 € en ropa y complementos. El resto lo destinan al ocio (restaurantes, cafés, cines, conciertos, teatro...). ¿Cuánto dinero invierten en ocio al mes?

☐ Un poco de historia:

> Los sellos de Correos se empezaron a utilizar en España por primera vez en el año 1850, mientras que el primer trasplante de riñón del mundo se llevó a cabo 100 años más tarde, aunque sin éxito. 400 años antes de este acontecimiento, nació el matemático escocés John Napier y, 120 años antes, Juana de Arco había sido capturada. 800 años antes de la captura de Juana de Arco, Mahoma regresó a La Meca para convertirla en el centro de piedad del mundo islámico. 140 años antes, no ocurrió nada digno de mención. ¿A qué año nos referimos?

☐ A las 9 de la mañana, por un fallo, en un alto horno la temperatura descendió 100 °C. A las 11 de la mañana, bajó otros 400 °C y, posteriormente, fue bajando en repetidas ocasiones: a las 12:00 h, bajó 120 °C; a las 14:00 h, bajó 60 °C; a las 15:30 h, descendió 800 °C; y a las 17:00 h, disminuyó en 140 °C. Finalmente, a las 18:00 h, se resolvió el problema y la temperatura subió hasta los 1850 °C, que es la que había antes de que se produjera el fallo. ¿A qué temperatura estaba el alto horno justo antes de que se solucionara el problema?

☐ Unos montañistas descienden desde la cima de una montaña, situada a 1850 m sobre el nivel del mar. Realizan el descenso en varias etapas: en la primera descienden 100 m; en la segunda, 400 m; en la tercera, 120 m; en la cuarta, 60 m; en la quinta, 800 m; y en la sexta, 140 m. ¿A qué altura sobre el nivel del mar se encuentran después de la sexta etapa?

☐ El sueldo de Alberto es de 1850 € mensuales. Un mes ganó 100 € en la lotería y tuvo distintos gastos: por una parte, se gastó 400 €; por otra, 120 €; por otra, 60 €; por otra, 800 €; y, finalmente, se gastó otros 140 €. ¿Cuánto dinero le sobró a Alberto ese mes?

15. Analiza las operaciones realizadas en la resolución y señala cuáles de los siguientes enunciados se podrían resolver de este modo. Para los enunciados que no puedan resolverse así, explica la razón.

En primer lugar, realizamos las siguientes multiplicaciones:

$$2,50 \cdot 0,86 = 2,15$$

$$0,15 \cdot 12,40 = 1,86$$

$$2 \cdot 0,45 = 0,90$$

En segundo lugar, sumamos los resultados obtenidos y el número 2,35:

$$2,15 + 1,86 + 0,90 + 2,35 = 7,26$$

☐ Cuando Emilio abrió su hucha, tenía 2,50 € en monedas de 50 céntimos, 0,15 € en monedas de 1 céntimo y 0,45 € en monedas de 5 céntimos. En una agencia, le cambiaron las monedas de 50 céntimos por libras esterlinas (a 0,86 libras/euro), las monedas de 1 céntimo por otra divisa extranjera (a 12,40 cada euro) y las monedas de 5 céntimos por otra divisa extranjera (a 2 unidades cada euro). Además, fuera de la hucha, Emilio tenía 2,35 €, que no cambió. ¿Cuánto dinero tenía Emilio en total, después de haber cambiado las monedas?

☐ Para realizar un proyecto, un arquitecto necesita varias piezas de cartón: una pieza rectangular de 2,50 dm de largo y 0,86 dm de ancho; una tira de 0,15 dm de ancho y 12,40 dm de largo; una pieza rectangular de 2 dm de largo y 0,45 dm de ancho; y una pieza irregular, con una superficie de 2,35 dm². ¿Qué superficie total de cartón, expresada en decímetros cuadrados, necesita el arquitecto para fabricar las piezas?

☐ Vicente ha ido al supermercado y ha comprado varios productos: 2,50 kg de patatas, 0,15 kg de queso, dos latas de refresco y un bote de champú. El precio de las patatas es de 0,86 €/kg, el queso cuesta 12,40 €/kg, cada lata de refresco cuesta 0,45 € y el precio del bote de champú es de 2,35 €. ¿Cuánto le ha costado la compra a Vicente?

☐ Para fabricar cada pastilla, un laboratorio farmacéutico necesita 0,86 g del ingrediente *A* (cuyo precio es de 2,50 € cada gramo), 0,15 g del ingrediente *B* (que cuesta 12,40 € cada gramo) y 0,45 g del ingrediente *C* (que vale 2 € cada gramo). El laboratorio recibe una subvención de 2,35 € por cada pastilla que fabrica. ¿Cuánto tiene que pagar el laboratorio para fabricar cada pastilla?

☐ Un patio rectangular tiene 2,50 m de ancho y 12,40 m de largo. Como por dos de sus lados limita con las paredes de un edificio, solo tiene valla en los otros dos lados, que forman una esquina. Para pintar el exterior de la valla del lado más corto, hacen falta 0,86 L de pintura por cada metro de valla, mientras que el exterior de la valla del lado más largo solo necesita 0,15 L de pintura por cada metro. Además, hay que pintar dos macetones, cada uno de los cuales necesita 0,45 L de pintura, y la parte interior de la valla, para lo cual son necesarios 2,35 L de pintura. ¿Cuántos litros de pintura hacen falta en total?

16. Analiza el siguiente planteamiento y señala cuáles de los siguientes enunciados se podrían resolver de este modo. Para los enunciados que no puedan resolverse así, explica la razón.

Si x es el número pedido, para calcularlo, debemos resolver la ecuación:

$$3(x + 200) = 4x - 600$$

☐ Al-Abhari fue un matemático que vivió en la Edad Media. Si calculamos el triple del resultado de sumar 200 al año de su nacimiento, sale lo mismo que si restamos 600 del cuádruple del año de su nacimiento. ¿En qué año nació Al-Abhari?

☐ Si me subieran el sueldo en 200 €, al cabo de tres meses, ganaría 600 € menos de lo que gano ahora en cuatro meses. ¿Cuál es mi sueldo?

☐ Una avioneta vuela a cierta altura. Si alcanzara el triple de esa altura y luego subiera 200 m más, llegaría a la misma altura que si estuviera 600 m por debajo del cuádruple de la altura a la que se encuentra. ¿A qué altura está la avioneta?

☐ Para ir de Castellón a Ámsterdam, hay que pasar por Barcelona, que está a unos 200 km de Castellón. Si se realiza el itinerario Castellón-Ámsterdam-Castellón-Ámsterdam, se recorren 600 km más que si se realiza el itinerario Barcelona-Ámsterdam-Barcelona-Ámsterdam-Barcelona. ¿Cuántos kilómetros hay de Barcelona a Ámsterdam?

☐ Para preparar un postre, hace falta cierta cantidad de puré de fruta y 200 g de azúcar. Se sabe que tres de estos postres pesan lo mismo que el puré de fruta necesario para hacer cuatro postres, menos 600 g. ¿Cuántos gramos de puré de fruta hacen falta para preparar uno de estos postres?

17. Analiza la resolución mostrada y señala cuáles de los siguientes enunciados se podrían resolver de este modo. Para los enunciados que no puedan resolverse así, explica la razón.

En primer lugar, realizamos un dibujo y colocamos los datos y la incógnita:

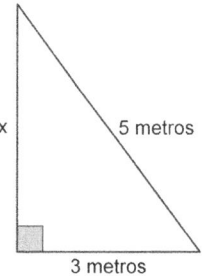

A continuación, aplicamos el teorema de Pitágoras, para hallar el dato desconocido:

$$x^2 + 3^2 = 5^2 \rightarrow x^2 + 9 = 25 \rightarrow x^2 = 25 - 9 \rightarrow x^2 = 16 \rightarrow x = \pm\sqrt{16} \rightarrow x = \pm4$$

Ahora bien, como x representa una longitud, no puede ser negativa, por lo que descartamos el valor x = –4.

Por tanto, la respuesta a la pregunta es: 4 m

☐ El balcón de una vivienda tiene forma triangular y está situado en una esquina del edificio, cuyas paredes forman un ángulo recto (vistas desde la calle). La barandilla del balcón mide 5 m de largo, y una de las paredes que lo delimitan tiene una longitud de 3 m. ¿Cuál es la longitud de la otra pared que delimita el balcón?

☐ En el mecanismo de montaje de una fábrica, hay un elemento compuesto por tres grandes barras metálicas, que forman un triángulo. Una de estas barras mide 3 m de longitud, y otra, 5 m. ¿Cuál es la longitud de la tercera barra?

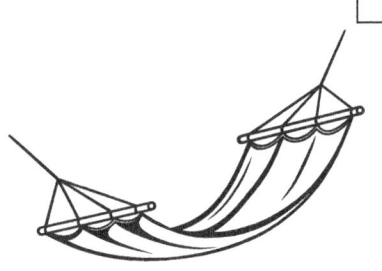

☐ Andrea quiere colgar una hamaca en su jardín, que es rectangular, para tumbarse a leer por las tardes. Como no está segura de que la hamaca quepa, decide medir el ancho del jardín, resultando ser de 3 m, lo cual no es suficiente para colocar la hamaca. Entonces, mide la diagonal del jardín, y resulta ser de 5 m, que es más de lo que necesita. Andrea se pregunta si la hamaca cabrá en el largo del jardín. ¿Cuánto mide este largo?

☐ La fachada de un edificio está apuntalada con una viga de 5 m de longitud, anclada al suelo a 3 m de distancia de la fachada del edificio. ¿A qué altura se encuentra el punto de contacto entre la viga y la fachada?

☐ La vela de una embarcación tiene forma de triángulo rectángulo. Para que se mantenga tensa, un lado de la vela está fijado al mástil, a lo largo de 5 m, y otro lado está atado a un palo horizontal de 3 m de largo, que puede girar en torno al mástil. ¿Cuánto mide el tercer lado de la vela?

18. Relaciona cada resolución con su enunciado correcto, si es posible. Para ello, escribe el número correspondiente en cada recuadro en blanco.

---

1 En primer lugar, calculamos la quinta parte de 30:

$$\frac{1}{5} \text{ de } 30 = \frac{1}{5} \cdot 30 = \frac{1 \cdot 30}{5} = 6$$

A continuación, restamos este resultado del dato inicial: $30 - 6 = 24$

Ahora, hallamos la sexta parte del número obtenido:

$$\frac{1}{6} \text{ de } 24 = \frac{1}{6} \cdot 24 = \frac{1 \cdot 24}{6} = 4$$

Finalmente, restamos: $24 - 4 = 20$

Así pues, el número 20 da respuesta a la pregunta formulada en el enunciado.

---

2 En primer lugar, calculamos la quinta parte de 30:

$$\frac{1}{5} \text{ de } 30 = \frac{1}{5} \cdot 30 = \frac{1 \cdot 30}{5} = 6$$

A continuación, restamos este resultado del dato inicial: $30 - 6 = 24$

Ahora, hallamos la sexta parte del número obtenido:

$$\frac{1}{6} \text{ de } 24 = \frac{1}{6} \cdot 24 = \frac{1 \cdot 24}{6} = 4$$

Finalmente, restamos: $30 - 4 = 26$

Así pues, el número 26 da respuesta a la pregunta formulada en el enunciado.

---

3 En primer lugar, calculamos la quinta parte de 30:

$$\frac{1}{5} \text{ de } 30 = \frac{1}{5} \cdot 30 = \frac{1 \cdot 30}{5} = 6$$

A continuación, hallamos la sexta parte de 30:

$$\frac{1}{6} \text{ de } 30 = \frac{1}{6} \cdot 30 = \frac{1 \cdot 30}{6} = 5$$

Finalmente, restamos las cantidades obtenidas del dato inicial:

$$30 - 6 - 5 = 19$$

Así pues, el número 19 da respuesta a la pregunta formulada en el enunciado.

☐ El suelo de una sala tiene 30 losas. La quinta parte de las losas son rojas, mientras que la sexta parte del resto son blancas. Las demás son grises. ¿Cuántas losas hay en el suelo de la sala que no son blancas?

☐ Una tableta de chocolate tenía 30 onzas. Un día, Sandra se comió la quinta parte, y su hermano, la sexta parte. ¿Cuántas onzas de chocolate quedaron?

☐ La quinta parte de un grupo de 1.º de ESO, formado por 30 estudiantes, va al cine una vez a la semana, mientras que la sexta parte del resto lo hace una vez al mes. Los demás van al cine menos de una vez al mes. ¿Cuántas personas de este grupo van al cine menos de una vez al mes?

19. Relaciona cada resolución con su enunciado correcto, si es posible. Para ello, escribe el número correspondiente en cada recuadro en blanco.

⬜ 1 Representando las dos ciudades en un plano, para construir las dos carreteras como se pide, hay que trazar dos rectas que pasen por B, de manera que la bisectriz del ángulo que formen estas dos rectas pase por A. La situación queda como se muestra en el gráfico:

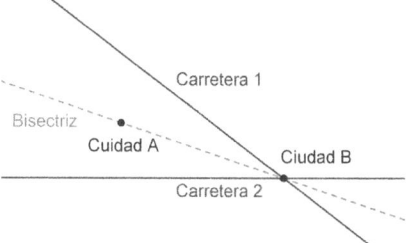

⬜ 2 Representando las dos ciudades en un plano, para construir las dos carreteras como se pide, hay que trazar la mediatriz del segmento AB y, después, trazar las rectas que unen, respectivamente, A y B con un mismo punto de la mediatriz. La situación queda como se muestra en el gráfico:

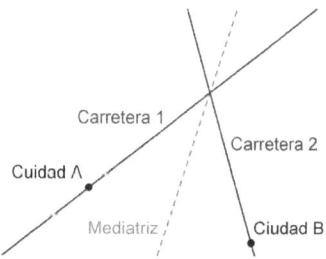

⬜ 3 Representando las dos ciudades en un plano, para construir las dos carreteras como se pide, hay que trazar la recta que une A y B, y la mediatriz del segmento AB. La situación queda como se muestra en el gráfico:

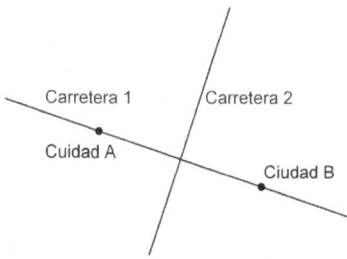

☐ El Ministerio ha aprobado la construcción de dos carreteras rectas: una debe pasar por las ciudades *A* y *B*, y la otra debe estar a la misma distancia de estas dos ciudades, pero sin pasar por ellas. ¿Cómo deben construirse estas dos carreteras?

☐ El Ministerio ha aprobado la construcción de dos carreteras rectas: deben pasar por una ciudad *B*, y no pasar por una ciudad *A*, pero tienen que estar a la misma distancia de esta última ciudad. ¿Cómo deben construirse estas dos carreteras?

☐ El Ministerio ha aprobado la construcción de dos carreteras rectas: una debe pasar por una ciudad *A*, y la otra, por una ciudad *B*, de manera que se corten en un punto situado a la misma distancia de las dos ciudades. ¿Cómo deben construirse estas dos carreteras?

20. Analiza la resolución de los siguientes problemas. Identifica las alternativas correctas y justifica por qué.

➤ El personal de un taller tarda dos horas en cambiar las ruedas de 16 coches. Si trabajan al mismo ritmo, ¿cuánto tardarán en cambiar las ruedas de 26 coches?

Las magnitudes «*número de coches*» y «*tiempo invertido*» son directamente/inversamente proporcionales, ya que, para cambiar las ruedas a un mayor/menor número de coches, se necesita más tiempo.

Si en cambiar las ruedas de 16 coches tardan 2 h, en cambiar las de 26 coches, tardarán *x*.

Así, establecemos esta proporción:

$$16 \cdot 2 = 26 \cdot x \ / \ \frac{16}{2} = \frac{26}{x}$$

Ahora, hallamos el término desconocido:

$$16 \cdot x = 26 \cdot 2 \rightarrow x = \frac{26 \cdot 2}{16} = 3{,}25 \ / \ x = \frac{16 \cdot 2}{26} = 1{,}38$$

> TEN EN CUENTA ¿Cuántos minutos son un cuarto de hora?

Por tanto, en cambiar las ruedas de 26 coches, tardarán tres horas y 25 minutos/tres horas y 15 minutos/una hora y 38 minutos.

➢ El precio de unos zapatos, incluyendo el 21 % de IVA, es de 50 €. ¿Cuál es su precio sin IVA?

En primer lugar, denotamos por *x* el precio de los zapatos, sin incluir el IVA, que identificamos con el 100 %.

Entonces, identificamos los 50 € con el 79 %/121 %, que es el porcentaje que resulta al sumar/restar un 21 % al total, es decir, al 100 %.

Además, como se trata de porcentajes, las magnitudes que intervienen son directamente/inversamente proporcionales, por lo que podemos plantear la siguiente proporción:

$$\frac{79}{100} = \frac{x}{50} \, / \, \frac{100}{121} = \frac{x}{50} \, / \, \frac{100}{79} = \frac{x}{50} \, / \, \frac{121}{100} = \frac{x}{50}$$

De este modo, hallamos el valor de *x*:

$$\frac{79}{100} = \frac{x}{50} \rightarrow x = \frac{50 \cdot 79}{100} = 39,50 \, / \, \frac{100}{121} = \frac{x}{50} \rightarrow x = \frac{50 \cdot 100}{121} = 41,32$$

$$\frac{100}{79} = \frac{x}{50} \rightarrow x = \frac{50 \cdot 100}{79} = 63,29 \, / \, \frac{121}{100} = \frac{x}{50} \rightarrow x = \frac{50 \cdot 121}{100} = 60,50$$

Por tanto, el precio sin IVA de los zapatos es de 39,50 €/41,32 €/63,29 €/ 60,50 €.

21. Analiza la resolución de los siguientes problemas y rellena los huecos en blanco.

➢ En la caja registradora de una tienda, hay 134,71 € en monedas y, además, 12 billetes de 20 €, nueve billetes de 10 € y ocho billetes de 5 €. ¿Cuánto dinero hay en la caja registradora?

En primer lugar, hay que _____ el número de billetes de cada tipo por _____ de cada uno:

12 ____ = 240   9 ____ = 90   8 ____ = 40

A continuación, tenemos que _____ los resultados anteriores y la cantidad de dinero que hay en monedas:

_____

Solución: en la caja registradora hay _____ €.

➢ En una copistería, las fotocopias a una cara cuestan cinco céntimos, y a dos caras, un 10 % menos. Además, a partir de 1000 fotocopias, se hace un descuento de otro 15 %. ¿Cuánto costará hacer 1200 fotocopias a dos caras?

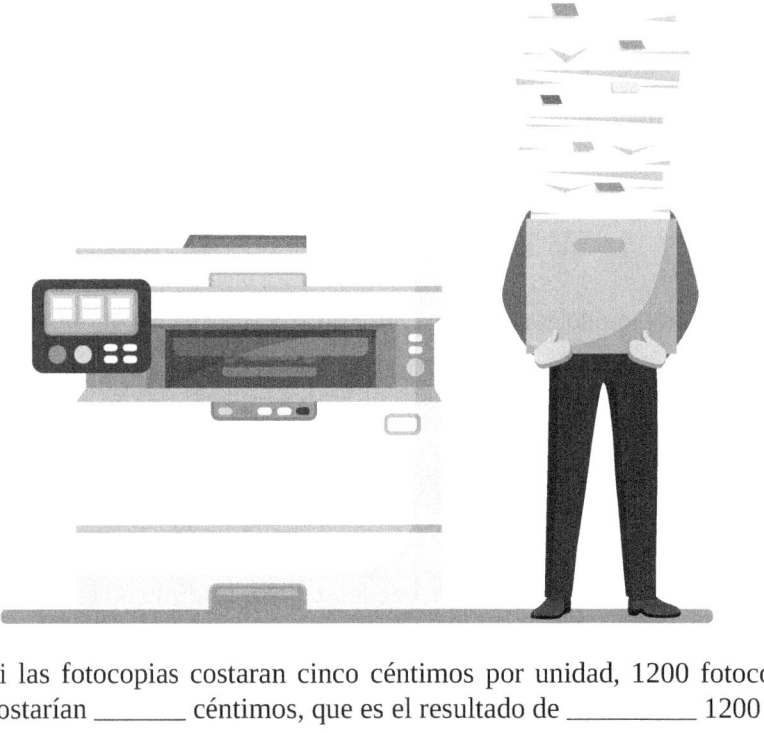

Si las fotocopias costaran cinco céntimos por unidad, 1200 fotocopias costarían _____ céntimos, que es el resultado de _____ 1200 y 5.

Aunque es más frecuente hablar de euros —en lugar de céntimos— cuando son cantidades elevadas, para evitar hasta el final el uso de números decimales, realizaremos los cálculos con el número obtenido, sin «pasarlo» a euros.

Como las fotocopias se van a hacer a dos caras, hay que descontar el ___ %. Así pues, hallamos el ___ % de 6000, que es _____ (tengamos en cuenta que, para calcular el ___ %, solo hay que _____) y, a continuación, restamos el resultado obtenido:

_____

Como, además, hay que hacer un descuento del ____ %, porque son más de 1000 fotocopias, calculamos este porcentaje:

_____

Ahora, como antes, restamos:

_____

Por último, escribimos los céntimos en euros, que es lo más habitual: _____ céntimos = _____ €.

Solución: el coste de 1200 fotocopias a dos caras será de _____ € y _____ céntimos.

➤ En una estantería, hay tres libros de Matemáticas y cinco de Economía. Cada libro de Matemáticas tiene 340 páginas, y los tres libros de Matemáticas juntos tienen la misma cantidad de páginas que los cinco de Economía. ¿Cuántas páginas tiene cada libro de Economía, si todos ellos tienen el mismo número de páginas?

Para calcular el número de páginas de los tres libros de Matemáticas juntos, tenemos que _____ el número de páginas de cada libro por __ :

_____

Así pues, como los tres libros de Matemáticas tienen las mismas páginas que los cinco libros de _____ , estos tienen _____ páginas en total.

Por tanto, para hallar cuántas páginas tiene cada libro de Economía, hay que _____ el resultado anterior por ___ :

_____

Solución: cada libro de Economía tiene _____ páginas.

➤ Tania ha comprado un colchón, valorado en 1240 €. Abonó una cantidad de entrada y el resto lo pagará en plazos mensuales de 45 €, durante 18 meses. ¿Cuánto pagó de entrada?

Para saber cuánto pagará a plazos, tenemos que _____ la cantidad que pagará cada mes por el número de meses:

_____

Finalmente, para calcular cuánto pagó de entrada, hay que _____ el precio del colchón y la cantidad que pagará a plazos:

_____

Solución: Tania pagó _____ € de entrada.

➤ El ayuntamiento de un pueblo ha gastado 14 040 € en baldosas rectangulares, de 80 cm de largo y 60 cm de ancho, para enlosar el suelo de una plaza. Si cada baldosa costó 9 €, ¿cuántos metros cuadrados tiene la plaza?

Para saber cuántas baldosas se compraron, tenemos que _____ el gasto total por el precio de cada baldosa:

_____

Por otro lado, para calcular la superficie de cada baldosa, debemos _____ sus dimensiones:

_____ cm²

Ahora bien, como la pregunta se refiere a _____ , convertimos la cantidad anterior:

_____ cm² = _____

Finalmente, para obtener los metros cuadrados que tiene la plaza, hay que _____ el número de baldosas por la superficie de cada una:

_____

Solución: la plaza tiene _____ m².

➤ Beatriz tenía 250 € menos que Benito y, entre los dos, tenían 2930 €. Les tocó 1000 € en la lotería y los repartieron de manera que Beatriz recibió 600 €. ¿Cuánto dinero tiene ahora cada uno?

Llamamos x a la cantidad de dinero que tenía Benito, antes de que les tocara la lotería.

Como Beatriz tenía 250 € menos, el dinero que tenía Beatriz se representa por _____ .

Entre los dos, tenían _____ €, así que, sumando las expresiones anteriores, debe resultar esta cantidad, por lo que podemos plantear la siguiente ecuación:

_____

Resolviendo la ecuación (nos saltamos los pasos necesarios), resulta: $x = 1590$

Por tanto, antes de que les tocara la lotería, Benito tenía _____ €, y Beatriz, _____ €, que es el resultado de restar 250 a 1590.

Como Beatriz recibió _____ € del premio, para saber la cantidad de dinero que tiene ahora, hay que _____ , resultando:

_____

Para calcular la cantidad que recibió Benito del premio, hay que restar:

_____

Por tanto, Benito tiene ahora _____ €, que es el resultado de sumar _____ y _____ .

Solución: Benito tiene ahora _____ €, y Beatriz, _____ €.

> Un libro tiene 240 páginas de tamaño A4 (21 cm × 29,7 cm). Si se arrancaran todas las hojas del libro y se colocaran unas junto a otras, sin superponerlas, ¿qué superficie, en metros cuadrados, se cubriría con ellas?

Calculamos, en primer lugar, la superficie que ocupa una hoja:

_____ cm^2

Como las páginas de los libros están escritas por las dos caras, para saber cuántas hojas tiene, hay que _____ el número de páginas del libro:

_____

Así pues, para calcular la superficie ocupada por todas las hojas, tenemos que _____ los dos números anteriores:

_____ cm^2

Por último, expresamos el resultado obtenido en metros cuadrados, teniendo en cuenta que, al ser unidades _____ , hay que desplazar la coma de dos en dos posiciones:

_____ cm^2 = _____ m^2

Solución: con todas las hojas del libro, se cubriría una superficie de _____ m^2.

> La manecilla grande de un reloj tiene una longitud de 1,2 cm. ¿Qué distancia recorre la punta de esta manecilla cuando la pequeña da una vuelta completa? Expresa el resultado en metros, y usa 3,14 como aproximación del número π.

En primer lugar, observamos que, al girar la manecilla grande, la punta describe una _____ , cuyo _____ coincide con la longitud de la manecilla: 1,2 cm. Por tanto, la distancia que recorre la punta de la manecilla grande, en cada vuelta de esta manecilla, es:

_____ cm

Así pues, para calcular la distancia total que recorre la punta de la manecilla grande cuando la pequeña da _____ , es necesario saber cuántas vueltas da la manecilla grande, y _____ este número por _____ cm.

Ahora, como la manecilla pequeña tarda _____ en dar una vuelta completa, mientras que la grande tarda _____ , para saber cuántas vueltas da la manecilla grande en este tiempo, tenemos que _____ 12 por 60, resultando:

_____

De este modo, la distancia que recorre la punta de la manecilla grande cuando la pequeña da una vuelta completa es:

_____ cm

Por último, pasamos esta distancia a metros y redondeamos a dos cifras decimales:

_____ cm = _____ m

Solución: cuando la manecilla pequeña da una vuelta completa, la punta de la grande recorre una distancia de _____ m.

➤ La superficie de un rombo es de 30 cm², y una de sus diagonales mide 6 cm. ¿Cuánto mide la otra diagonal?

Como estamos hablando del área de un rombo, la fórmula que debemos emplear es:

_____

Si sustituimos los datos del enunciado en esta fórmula, nos queda:

_____

Simplificando la fracción del segundo miembro, resulta:

_____

Finalmente, trasponemos el número que está delante de la incógnita, «pasándolo dividiendo» al otro miembro, y efectuamos la división:

_____

Solución: la otra diagonal del rombo mide _____ .

22. Selecciona los pasos que correspondan al procedimiento correcto para resolver los siguientes problemas.

➤ En un grupo de 1.º de ESO, hay 14 chicas y 12 chicos. En total, hay seis chicas que usan gafas. ¿Qué porcentaje de chicas usan gafas?

☐ Como hay 14 chicas y 12 chicos, el grupo lo forman 26 personas, pues $14 + 12 = 26$. Entonces, para determinar el porcentaje de chicas que usan gafas, planteamos esta regla de tres simple y directa:

$$\begin{cases} 26 \text{ personas} \longrightarrow 6 \text{ chicas que usan gafas} \\ 100 \text{ personas} \longrightarrow x \text{ chicas que usan gafas} \end{cases}$$

☐ Como hay 14 chicas y, de ellas, seis llevan gafas, para calcular el porcentaje de chicas que usan gafas, planteamos la siguiente regla de tres simple y directa:

$$\begin{cases} 14 \text{ personas} \longrightarrow 6 \text{ chicas que usan gafas} \\ 100 \text{ personas} \longrightarrow x \text{ chicas que usan gafas} \end{cases}$$

☐ Entonces, se debe cumplir la igualdad:

$$\frac{x}{100} = \frac{14}{6}$$

☐ Entonces, se debe cumplir la igualdad:

$$\frac{x}{100} = \frac{6}{14}$$

☐ Entonces, se debe cumplir la igualdad:

$$\frac{x}{100} = \frac{6}{26}$$

☐ Despejando, operando y redondeando a dos cifras decimales, llegamos al resultado pedido:

$$x = \frac{6 \cdot 100}{26} = \frac{600}{26} = 23,08\,\%$$

☐ Despejando, operando y redondeando a dos cifras decimales, llegamos a la solución del problema:

$$x = \frac{14 \cdot 100}{6} = \frac{1400}{6} = 233,33\,\%$$

☐ Despejando, operando y redondeando a dos cifras decimales, llegamos al resultado pedido:

$$x = \frac{6 \cdot 100}{14} = \frac{600}{14} = 42,86\,\%$$

☐ El porcentaje de chicas que usan gafas es del 42,86 %.

☐ El porcentaje de chicas que usan gafas es del 23,08 %.

☐ El porcentaje de chicas que usan gafas es del 233,33 %.

➤ En una frutería, los caquis se venden a 1,60 €/kg, y las peras, a 1,40 €/kg. Si compramos 0,75 kg de caquis y 2 kg de peras, ¿cuánto nos costará?

☐ Para calcular el dinero gastado en caquis, dividimos: $\dfrac{1,60}{0,75} = 2,13$

☐ Para calcular el dinero gastado en caquis, multiplicamos: $1,60 \cdot 0,75 = 1,20$

☐ Para calcular el dinero gastado en caquis, multiplicamos: $0,75 \cdot 1,40 = 1,05$

☐ Para calcular el dinero gastado en peras, dividimos: $\dfrac{1,40}{2} = 0,70$

☐ Para calcular el dinero gastado en peras, multiplicamos: $2 \cdot 1,40 = 2,80$

☐ Para calcular el dinero gastado en peras, multiplicamos: $1,60 \cdot 2 = 3,20$

☐ Para conocer el gasto total, sumamos: $2,13 + 0,70 = 2,83$

☐ Para conocer el gasto total, sumamos: 2,13 + 3,20 = 5,33

☐ Para conocer el gasto total, sumamos: 1,20 + 0,70 = 1,90

☐ Para conocer el gasto total, sumamos: 1,20 + 3,20 = 4,40

☐ Para conocer el gasto total, sumamos: 1,05 + 2,80 = 3,85

☐ Para conocer el gasto total, sumamos: 1,20 + 2,80 = 4

☐ Para conocer el gasto total, sumamos: 1,05 + 0,70 = 1,75

☐ Para conocer el gasto total, sumamos: 1,05 + 3,20 = 4,25

☐ Para conocer el gasto total, sumamos: 2,13 + 2,80 = 4,93

➤ Guillermo compró una *pizza* y se comió tres décimas partes. Al día siguiente, se comió cuatro quintas partes del resto. ¿Qué fracción de la *pizza* le queda todavía?

☐ Para calcular la fracción de *pizza* que había el segundo día, restamos:

$$1 - \frac{3}{10} = \frac{10}{10} - \frac{3}{10} = \frac{7}{10}$$

☐ Según el enunciado, la fracción de *pizza* que había el segundo día es: $\frac{3}{10}$

☐ Según el enunciado, la fracción de *pizza* que había el segundo día es: $\frac{4}{5}$

☐ La fracción de *pizza* que se comió el segundo día es:

$$\frac{4}{5} \text{ de } \frac{3}{10} = \frac{4}{5} \cdot \frac{3}{10} = \frac{6}{25}$$

☐ La fracción de *pizza* que se comió el segundo día es:

$$\frac{4}{5} \text{ de } \frac{7}{10} = \frac{4}{5} \cdot \frac{7}{10} = \frac{14}{25}$$

☐ La fracción de *pizza* que se comió el segundo día es:

$$\frac{4}{5} \text{ de } \frac{4}{5} = \frac{4}{5} \cdot \frac{4}{5} = \frac{16}{25}$$

☐ La fracción de *pizza* que se comió el segundo día, según el enunciado, es: $\frac{4}{5}$

☐ Para calcular la fracción de *pizza* que se comió entre los dos días, sumamos:

$$\frac{3}{10} + \frac{6}{25} = \frac{15}{50} + \frac{12}{50} = \frac{27}{50}$$

☐ Para calcular la fracción de *pizza* que se comió entre los dos días, sumamos:

$$\frac{3}{10} + \frac{16}{25} = \frac{15}{50} + \frac{32}{50} = \frac{47}{50}$$

☐ Para calcular la fracción de *pizza* que se comió entre los dos días, sumamos:

$$\frac{3}{10} + \frac{14}{25} = \frac{15}{50} + \frac{28}{50} = \frac{43}{50}$$

☐ Para calcular la fracción de *pizza* que se comió entre los dos días, sumamos:

$$\frac{3}{10} + \frac{4}{5} = \frac{3}{10} + \frac{8}{10} = \frac{11}{10}$$

☐ Para calcular la fracción de *pizza* que se comió entre los dos días, sumamos:

$$\frac{4}{5} + \frac{6}{25} = \frac{20}{25} + \frac{6}{25} = \frac{26}{25}$$

☐ Para calcular la fracción de *pizza* que se comió entre los dos días, sumamos:

$$\frac{4}{5} + \frac{4}{5} = \frac{8}{5}$$

☐ Para hallar la fracción de *pizza* que le queda todavía, restamos:

$$1 - \frac{47}{50} = \frac{50}{50} - \frac{47}{50} = \frac{3}{50}$$

☐ Para hallar la fracción de *pizza* que le queda todavía, restamos:

$$1 - \frac{43}{50} = \frac{50}{50} - \frac{43}{50} = \frac{7}{50}$$

☐ Para hallar la fracción de *pizza* que le queda todavía, restamos:

$$1 - \frac{27}{50} = \frac{50}{50} - \frac{27}{50} = \frac{23}{50}$$

☐ Para hallar la fracción de *pizza* que le queda todavía, restamos:

$$\frac{8}{5} - \frac{3}{10} = \frac{16}{10} - \frac{3}{10} = \frac{13}{10}$$

☐ Para hallar la fracción de *pizza* que le queda todavía, restamos:

$$\frac{11}{10} - \frac{4}{5} = \frac{11}{10} - \frac{8}{10} = \frac{3}{10}$$

☐ Para hallar la fracción de *pizza* que le queda todavía, restamos:

$$\frac{26}{25} - \frac{3}{10} = \frac{52}{50} - \frac{15}{50} = \frac{37}{50}$$

> ➤ Las notas de Matemáticas del primer trimestre de un grupo de 1.º de ESO, escritas por orden de lista, fueron las siguientes:

7, 7, 5, 4, 8, 6, 6, 8, 3, 7, 9, 10, 7, 5, 2, 5, 3, 7, 9, 6, 6, 4, 8, 5, 6, 4, 4, 7, 1, 4, 10, 5

a) Construye una tabla de frecuencias absolutas y relativas.
b) Calcula la nota media de Matemáticas del grupo en el primer trimestre.
c) ¿Cuál es la moda?
d) ¿Y la mediana?

☐ Respuesta correcta al apartado *a)*:

Nota	Frecuencia absoluta	Frecuencia relativa
1	1	1 / 32 = 0,03125
2	1	1 / 32 = 0,03125
3	2	2 / 32 = 0,0625
10	2	2 / 32 = 0,0625
8	3	3 / 32 = 0,09375
9	2	2 / 32 = 0,0625
4	5	5 / 32 = 0,15625
5	5	5 / 32 = 0,15625
6	5	5 / 32 = 0,15625
7	6	6 / 32 = 0,1875
TOTAL	32	32 / 32 = 1

☐ Respuesta correcta al apartado *a)*:

Nota	Frecuencia absoluta	Frecuencia relativa
1	1	1 / 32 = 0,03125
2	1	1 / 32 = 0,03125
3	2	2 / 32 = 0,0625
4	5	5 / 32 = 0,15625
5	5	5 / 32 = 0,15625
6	5	5 / 32 = 0,15625
7	6	6 / 32 = 0,1875
8	3	3 / 32 = 0,09375
9	2	2 / 32 = 0,0625
10	2	2 / 32 = 0,0625
TOTAL	32	32 / 32 = 1

☐ Respuesta correcta al apartado *b)*:

$$\frac{1 \cdot 1 + 2 \cdot 1 + 3 \cdot 2 + 4 \cdot 5 + 5 \cdot 5 + 6 \cdot 5 + 7 \cdot 6 + 8 \cdot 3 + 9 \cdot 2 + 10 \cdot 2}{32} = 5,875$$

☐ Respuesta correcta al apartado *b)*:

$$\frac{1 + 2 + 3 + 4 + 5 + 6 + 7 + 8 + 9 + 10}{10} = 5,5$$

☐ Respuesta correcta al apartado *c)*:

La moda es 7, porque es la nota que más estudiantes han obtenido (el valor con mayor frecuencia absoluta).

☐ Respuesta correcta al apartado *c)*:

La moda es 4, 5 y 6, porque son las notas cuya frecuencia absoluta más se repite (la frecuencia absoluta 5 aparece tres veces). Tengamos en cuenta que la moda no tiene por qué ser única.

☐ Respuesta correcta al apartado *d)*:

Para calcular la mediana, en primer lugar, se ordenan los datos de menor a mayor:

$$1, 2, 3, 3, 4, 4, 4, 4, 4, 5, 5, 5, 5, 5, 6, 6, 6, 6, 6,$$
$$7, 7, 7, 7, 7, 7, 8, 8, 8, 9, 9, 10, 10$$

Como hay un número par de datos (hay datos de 32 estudiantes), se eligen los dos centrales (6 y 6) y se calcula su media, que es 6.

☐ Respuesta correcta al apartado *d)*:

Para calcular la mediana, en primer lugar, se ordenan los datos, sin repetir, de menor a mayor:

$$1, 2, 3, 4, 5, 6, 7, 8, 9, 10$$

Como hay un número par de datos (hay 10 datos de los estudiantes), se eligen los dos centrales (5 y 6) y se calcula su media, que es 5,5.

➢ Se ha construido una «ventana normanda», a partir de un rectángulo de dimensiones de 2,75 m × 1,25 m, colocando un semicírculo encima del rectángulo, haciendo que el diámetro del semicírculo coincida con el lado más pequeño del rectángulo. ¿Cuál es la superficie de esta ventana normanda?

☐ Según la descripción del enunciado, la ventana normanda es así:

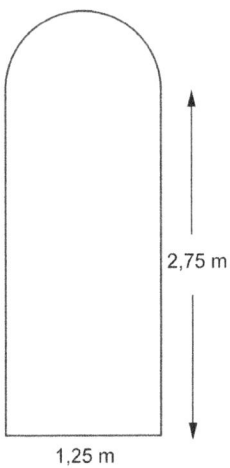

2,75 m

1,25 m

☐ Según la descripción del enunciado, la ventana normanda es así:

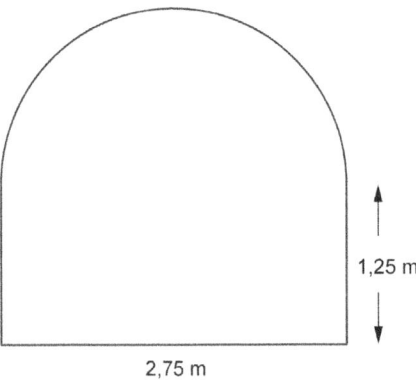

1,25 m

2,75 m

Para hallar la superficie de la ventana, vamos a calcular por separado la superficie del rectángulo y la del semicírculo, para posteriormente sumar los resultados:

☐ La superficie del rectángulo es: $A_R = 1{,}25 \cdot 2{,}75 = 3{,}44$ m

☐ La superficie del rectángulo es: $A_R = 1{,}25 \cdot 2{,}75 = 3{,}44$ m^2

Por su parte, para determinar la superficie del semicírculo, consideramos su radio:

☐ El radio mide 2,75 m.

☐ El radio mide 1,25 m.

☐ El radio mide: 1,25 / 2 = 0,625 m

☐ El radio mide: 2,75 / 2 = 1,375 m

Así pues, la superficie del semicírculo es:

☐ $A_s = \dfrac{\pi \cdot r^2}{2} = \dfrac{3{,}14 \cdot (1{,}375)^2}{2} = 2{,}97\,\text{m}^2$

☐ $A_s = \dfrac{\pi \cdot r^2}{2} = \dfrac{3{,}14 \cdot (0{,}625)^2}{2} = 0{,}61\,\text{m}^2$

☐ $A_s = \dfrac{\pi \cdot r^2}{2} = \dfrac{3{,}14 \cdot (2{,}75)^2}{2} = 11{,}87\,\text{m}^2$

☐ $A_s = \dfrac{\pi \cdot r^2}{2} = \dfrac{3{,}14 \cdot (1{,}25)^2}{2} = 2{,}45\,\text{m}^2$

Por tanto, la superficie de la ventana normanda es:

☐ $A_v = 3{,}44 + 2{,}45 = 5{,}89$ m²

☐ $A_v = 3{,}44 + 2{,}97 = 6{,}41$ m²

☐ $A_v = 3{,}44 + 11{,}87 = 15{,}31$ m²

☐ $A_v = 3{,}44 + 0{,}61 = 4{,}05$ m²

23. A continuación, se muestran varios enunciados con sus correspondientes re-soluciones, pero los pasos seguidos están desordenados. Numera los pasos dados para resolver cada problema, de modo que queden correctamente or-denados.

➢ Se quiere vallar una parcela rectangular de 206,8 m de ancho. El largo de la parcela es 2,6 veces el ancho, y cada metro lineal de valla cuesta 9,35 €. ¿Cuánto costará vallar la parcela?

☐ Para determinar el precio total de la valla, multiplicamos: 1488,96 · 9,35 = 13 921,776

☐ Vallar la parcela costará 13 921,78 €.

☐ Para calcular el largo de la parcela, multiplicamos: 206,8 · 2,6 = 537,68

☐ Como se trata de euros, redondeamos el resultado a dos cifras decimales: 13 921,78

☐ Sumando todos los lados, obtenemos el perímetro de la parcela: 206,8 + 206,8 + 537,68 + 537,68 = 1488,96 m

➢ Carmen compró una caja de 30 bombones. El lunes se comió la quinta parte de los bombones, y el martes, la sexta parte de los que le quedaban. ¿Cuántos bombones se comió cada día? ¿Cuántos bombones le quedan todavía?

☐ Restando, resulta: 24 – 4 = 20

☐ Por tanto, para saber cuántos bombones se comió el martes, realizamos el siguiente cálculo:

$$\frac{1}{6} \text{ de } 24 = \frac{1}{6} \cdot 24 = \frac{1 \cdot 24}{6} = 4$$

☐ Para saber cuántos bombones se comió el lunes, calculamos:

$$\frac{1}{5} \text{ de } 30 = \frac{1}{5} \cdot 30 = \frac{1 \cdot 30}{5} = 6$$

☐ Ahora, restamos: 30 – 6 = 24

☐ Carmen se comió seis bombones el lunes y cuatro el martes. Todavía le quedan 20 bombones.

➤ Una agencia vende dos solares a una empresa constructora. En uno de los solares, que tiene una superficie de 360 m², construirá un local comercial; en el otro, construirá un edificio de siete plantas. El precio de cada metro cuadrado de solar es de 515 €, y el precio total de los dos solares es de 303 850 €. ¿Cuántos metros cuadrados construidos tendrá el edificio?

☐ Como un solar tiene 360 m², para calcular la superficie del otro, restamos: 590 – 360 = 230

☐ Para hallar los metros cuadrados construidos, multiplicamos: 230 · 7 = 1610

☐ El edificio tendrá 1610 m² construidos.

☐ Para calcular la cantidad total de metros cuadrados de solar, dividimos el precio total entre el precio de cada metro cuadrado:

$$\frac{303\,850}{515} = 590$$

➤ La casa de Leonardo está al doble de distancia del instituto que la casa de Toñi, la cual se encuentra a 240 m del instituto. ¿Cuántos kilómetros recorre Leonardo al cabo de una semana para ir al instituto y volver?

☐ Para ir al instituto y volver, Leonardo recorre 4,8 km cada semana.

☐ Como una semana tiene cinco días lectivos (¡no son siete días!), para hallar la distancia que recorre al cabo de una semana, multiplicamos: 960 · 5 = 4800 m

☐ Entonces, para ir y volver cada día, Leonardo tiene que recorrer 960 m, porque: 480 · 2 = 960

☐ Ahora, expresamos el resultado obtenido en kilómetros:
$$4800 \text{ m} = 4,8 \text{ km}$$

☐ Para calcular la distancia entre la casa de Leonardo y el instituto, multiplicamos: 240 · 2 = 480 m

➤ Una alberca tiene 1920 m³ de agua. Si, para regar un campo, cada día son necesarios 8 L de agua por cada metro cuadrado, ¿durante cuánto tiempo podrá regarse un campo de 2 ha con el agua que hay en la alberca?

☐ Para que sean las mismas unidades, pasamos el resultado anterior a metros cúbicos: 160 000 L = 160 m³ (Recordemos que 1 m³ = 1000 L)

☐ Con el agua de la alberca, se podrá regar el campo durante 12 días.

☐ Para calcular la cantidad total de agua que se necesita cada día, multiplicamos: 8 · 20 000 = 160 000

☐ Pasamos las dos hectáreas a metros cuadrados:
$$2 \text{ ha} = 2 \text{ hm}^2 = 20\,000 \text{ m}^2$$

☐ Para calcular cuánto tiempo durará el agua que hay en la alberca, dividimos: $\dfrac{1920}{160} = 12$

➤ Vanesa se ha comprado un jersey por 37,99 €, una camiseta por 13,40 € y tres pares de calcetines, cada uno de los cuales costaba 2,75 €. Si pagó con un billete de 100 €, ¿cuánto dinero le devolvieron?

☐ El gasto total se obtiene sumando el resultado anterior y el precio de los demás artículos: 8,25 + 37,99 + 13,40 = 59,64

☐ La devolución es el resultado de restar: 100 − 59,64 = 40,36

☐ Le devolvieron 40,36 €.

☐ Para calcular cuánto se gastó en calcetines, multiplicamos:
$$2,75 \cdot 3 = 8,25$$

➤ Dentro de 12 años, Anselmo tendrá el triple de la edad que tenía hace cuatro años. ¿Qué edad tiene Anselmo actualmente?

☐ Por último, agrupamos términos y «pasamos dividiendo» el coeficiente de x:

$2x = 24$

$x = 24 / 2$

$x = 12$

☐ Denotamos por x la edad actual de Anselmo. Entonces, la edad que tendrá dentro de 12 años se representa por $x + 12$, mientras que la edad que tenía hace cuatro años se expresa por $x - 4$.

☐ Para resolver esta ecuación, en primer lugar, «quitamos» los paréntesis, multiplicando todo lo que hay dentro de ellos por 3, resultando: $x + 12 = 3x - 12$

☐ Según el enunciado, la edad que tendrá dentro de 12 años es igual al triple de la que tenía hace cuatro, por lo que, usando la notación anterior, se debe cumplir la ecuación: $x + 12 = 3(x - 4)$

☐ Anselmo tiene actualmente 12 años.

☐ A continuación, trasponemos términos, dejando las «x» en un miembro y los números en el otro: $12 + 12 = 3x - x$

➤ El Museu Blau, también llamado Edificio Fórum, fue construido en Barcelona para el Fórum Internacional de las Culturas, celebrado en 2004. Se trata de un edificio cuya planta es un triángulo equilátero de 180 m de lado. ¿Qué superficie ocupa este edificio?

☐ El edificio ocupa una superficie de 14 029,2 m².

☐ Sin embargo, solo conocemos uno de los datos de la fórmula, la base, por lo que debemos hallar la altura.

☐ Sustituyendo el dato calculado en la fórmula de la superficie, resulta:

$$A = \frac{180 \cdot 155{,}88}{2} = 14\,029{,}2$$

☐ Como vemos, la altura divide al triángulo equilátero en dos triángulos rectángulos iguales, de manera que la hipotenusa mide 180 m, un cateto mide una cantidad desconocida h y el otro cateto mide 90 m, porque es la mitad del lado del triángulo equilátero.

☐ Ahora bien, como h representa una longitud, y las longitudes deben ser positivas, descartamos la solución negativa, resultando: $h = 155{,}88$ m

☐ Para ello, dibujamos un triángulo equilátero, trazamos la altura y escribimos los datos conocidos:

b = 180 metros

h

b = 180 metros

☐ Como la planta del edificio tiene forma de triángulo equilátero, para calcular la superficie que ocupa, debemos usar la fórmula:

$$A = \frac{b \cdot h}{2}$$

☐ Aplicando el teorema de Pitágoras, tenemos:

$h^2 + 90^2 = 180^2$

$h^2 + 8100 = 32\,400$

$h^2 = 32\,400 - 8100$

$h^2 = 24\,300$

$h = \pm\sqrt{24\,300}$

$h = \pm 155{,}88$

24. Relaciona cada ecuación con un enunciado, si es posible, escribiendo el número correspondiente en cada recuadro en blanco.

$\boxed{1}\, x + 14 = 2x$

$\boxed{2}\, x - 14 = x / 2$

$\boxed{3}\, x + 14 = 2(x - 2)$

☐ Hace 14 años, tenía la mitad de la edad que tengo ahora.

☐ Dentro de 14 años, tendré el doble de la edad que tenía hace dos años.

☐ Dentro de 14 años, tendré el doble de la edad que tengo ahora.

25. Un pelotazo ha roto el cristal de una ventana, y ha quedado como se ve en el dibujo. Señala cuál es el trozo de cristal que encaja en el hueco. Ten en cuenta solo la forma, no el tamaño.

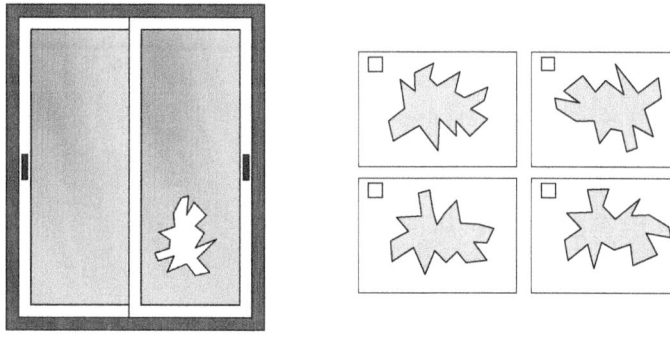

26. Identifica las dos figuras que tienen el mismo perímetro. Explica por qué es así.

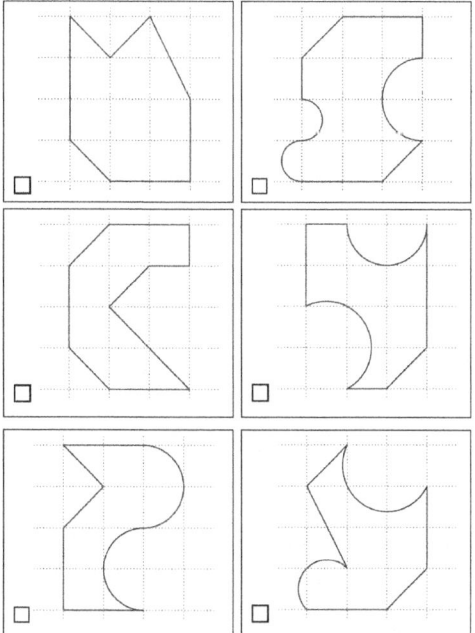

PARA RESOLVER EL PROBLEMA PASO A PASO Y COMPROBAR LA SOLUCIÓN

27. Lee el enunciado del siguiente problema y responde a las preguntas planteadas a continuación. Justifica las respuestas.

    Un tren viajó desde Alicante a Barcelona. Al llegar a la estación de Valencia, subieron 32 personas y bajaron 45; en la estación de Castellón, subieron 12 y bajaron 16; en la estación de Tarragona, subieron 27 y bajaron 8; finalmente, al llegar a Barcelona, bajaron todos los pasajeros.

    a) ¿Se podría calcular el número de personas que bajaron del tren en la estación de Barcelona? ¿Por qué?

    b) Se sabe que, en Alicante, subieron 180 personas. ¿Se podría calcular ahora cuántas personas bajaron del tren en Barcelona? ¿Por qué?

c) En la siguiente tabla, se muestra el itinerario recorrido por este tren, donde figuran las estaciones en las que hizo parada y las horas de llegada y salida de cada una de ellas. Conociendo los datos de esta tabla, ¿se podría determinar cuántas personas bajaron del tren en Barcelona? En caso afirmativo, realiza los cálculos adecuados; en caso negativo, explica por qué.

ESTACIÓN	LLEGADA	SALIDA
Alicante/Alacant		09:25
Valencia/València Joaquín Sorolla	10:55	11:05
Castellón de la Plana/Castelló de la Plana	11:42	11:44
Tarragona	13:07	13:09
Barcelona Sants	14:09	

d) ¿Sería posible que se hubiera obtenido un resultado negativo? ¿Y un número decimal?

e) ¿Se podría calcular la duración total del trayecto desde Alicante hasta Barcelona? En caso afirmativo, realiza las operaciones adecuadas; en caso negativo, explica por qué.

f) El precio del viaje en este tren, de Alicante a Barcelona, era de 57,60 € en clase turista, y de 94,70 € en clase preferente. ¿Se podría calcular la cantidad total de dinero que gastaron las personas que subieron en Alicante y bajaron en Barcelona para comprar sus billetes? En caso afirmativo, realiza las operaciones adecuadas; en caso negativo, explica por qué.

g) Se sabe que el 70 % de las personas que subieron en Alicante hicieron el trayecto completo, desde Alicante hasta Barcelona. ¿Se podría calcular cuántas personas realizaron este trayecto? En caso afirmativo, realiza las operaciones adecuadas; en caso negativo, explica por qué.

h) De las personas que realizaron el trayecto completo, de Alicante a Barcelona, 18 lo hicieron en clase preferente. ¿Es posible calcular ahora la cantidad total de dinero que gastaron en sus billetes las personas que realizaron el trayecto completo? En caso afirmativo, realiza las operaciones adecuadas; en caso negativo, explica por qué.

28. Resuelve el siguiente problema siguiendo los pasos indicados.

A las siete de la mañana, comienzan su recorrido diario los autobuses *A* y *B*, partiendo de la misma parada. El recorrido del autobús *A* es más largo que el del *B*: mientras que el *A* pasa cada 18 minutos, el *B* lo hace cada 14. ¿A qué hora volverán a coincidir los dos autobuses en la parada por primera vez? ¿Cada cuánto tiempo coincidirán los dos autobuses en la parada?

1. Escribe las primeras 10 horas de paso por la parada de cada autobús.

2. Indica la hora que se repite en las dos listas.

3. Calcula el tiempo transcurrido desde que los dos autobuses inician su recorrido diario hasta que vuelven a coincidir en la parada por primera vez.

4. Solución.

5. Ahora que has resuelto el problema siguiendo los pasos indicados, ¿se te ocurre alguna otra forma de calcular el tiempo que debe pasar hasta que los dos autobuses coincidan de nuevo en la parada? ¿Qué concepto debes utilizar? Resuelve el problema utilizando este concepto.

29. Resuelve el siguiente problema siguiendo los pasos indicados.

Una habitación rectangular mide 4 m y 55 cm de largo, y 3 m y 15 cm de ancho. Se quiere enlosar con baldosas cuadradas, del mayor tamaño posible, de manera que no haya que recortar ninguna baldosa. ¿Cuánto debe medir cada baldosa?

1. Dibuja un esquema de la habitación, expresando sus dimensiones en centímetros.

2. Para que no haya que recortar ninguna baldosa, ¿qué relación debe haber entre la medida del lado de las baldosas y la medida del largo de la habitación, expresada en centímetros?

3. Teniendo en cuenta esta relación con el largo de la habitación, haz la lista de las medidas que, en principio, podría tener el lado de las baldosas.

4. De la misma manera, para que no haya que recortar ninguna baldosa, ¿qué relación debe haber entre la medida del lado de las baldosas y el ancho de la habitación, expresado en centímetros?

5. Teniendo en cuenta esta relación con el ancho de la habitación, haz la lista de las medidas que, en principio, podría tener el lado de las baldosas.

6. Los números que se repiten en ambas listas se corresponden con las posibles medidas del lado de las baldosas. ¿Cuáles son estos números?

7. Como se pretende que las baldosas tengan el mayor tamaño posible, hay que elegir el mayor de los anteriores números, que es:

8. Solución.

9. Imagina que se hubiera obtenido un resultado negativo. ¿Sería posible?

10. Ahora que has resuelto el problema siguiendo los pasos indicados, ¿se te ocurre alguna otra forma de calcular la medida del lado de las baldosas? ¿Qué concepto debes utilizar? Resuelve el problema utilizando este concepto.

30. Resuelve estos problemas, paso a paso.

➤ En un salón de banquetes, se van a celebrar dos bodas: una por la mañana y otra por la tarde. Por la mañana, asistirán 216 invitados y, por la tarde, 276. El encargado del salón quiere colocar el menor número posible de mesas, utilizando por la tarde las mesas ya usadas por la mañana (y algunas más). Además, en ambas bodas, tiene que haber el mismo número de personas en cada mesa. ¿Cuántas personas deben sentarse en cada mesa para que se cumplan todos estos requisitos?

1. ¿Qué preguntan? ¿Qué datos son necesarios?

2. Decide si hay que calcular el máximo común divisor o el mínimo común múltiplo. Justifica la respuesta.

3. Descompón los datos en factores primos.

4. Elige los factores adecuados.

5. Solución y comprobación.

➢ Enrique quiere nivelar una mesa, apilando unos tacos de madera debajo de dos de sus patas, que están cortadas y dejan el mismo espacio hasta el suelo. Como tiene seis tacos azules y cinco verdes, no tiene suficientes tacos de un mismo color para las dos patas, por lo que ha decidido colocar los tacos verdes en una pata y los azules en otra. Sin embargo, los tacos tienen distinta altura: los azules miden 6 mm, y los verdes, 8 mm. ¿Qué altura tiene que alcanzar cada pila de tacos para nivelar la mesa? ¿Cuántos tacos de cada color tendrá que colocar Enrique? Ten en cuenta que es posible nivelar la mesa de este modo con los tacos que tiene Enrique.

1. ¿Qué preguntan? ¿Qué datos son necesarios?

2. Decide si hay que calcular el máximo común divisor o el mínimo común múltiplo. Justifica la respuesta.

3. Calcúlalo.

4. ¿Podría ser que la altura de las pilas de tacos fuera mayor que este número? ¿Por qué?

5. ¿Qué operaciones hay que realizar para responder a la segunda pregunta? ¿Cuáles son los resultados?

6. Responde a las preguntas planteadas en el enunciado.

➢ ¿Cuántos cuadrados hay en esta figura?

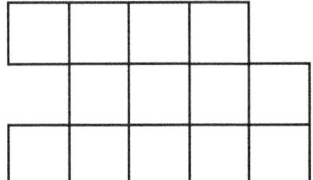

1. Cuenta los cuadraditos que hay en la figura. ¿Cuántos hay?

2. ¿Crees que estos son los únicos cuadrados? ¿Hay otros cuadrados más grandes? Si los hay, indica cómo se pueden formar.

3. Copia la figura del enunciado y colorea el cuadrado más grande que se pueda formar.

4. ¿Crees que hay otros cuadrados más pequeños que el anterior, además de los cuadraditos pequeños? En caso afirmativo, copia la figura del enunciado tantas veces como sea necesario, y coloréalos todos.

5. ¿Cuántos cuadrados hay de cada tipo?

6. Responde a la pregunta planteada en el enunciado.

7. ¿Te ha parecido engañoso este problema? Explica por qué.

➤ Un año luz es una unidad de distancia, no de tiempo. Se define como la distancia que recorre la luz en un año. Sabiendo que la luz recorre 300 000 km cada segundo, ¿con cuántos kilómetros se corresponde un año luz?

1. Calcula la distancia que recorre la luz en un minuto.

2. Calcula la distancia que recorre la luz en una hora.

3. Calcula la distancia que recorre la luz en un día.

4. Calcula la distancia que recorre la luz en un año.

5. Responde a la pregunta planteada en el enunciado.

➤ Un batiscafo (un tipo de submarino) se encuentra realizando unas observaciones científicas a 4130 m de profundidad. Más tarde, desciende 1329 m y, a continuación, comienza a ascender, en varios tramos: en primer lugar, sube 690 m; en segundo lugar, 1648 m; y, en tercer lugar, 2185 m. En ese momento, desciende 434 m, y se detiene. ¿A qué profundidad se encuentra el batiscafo cuando se para?

1. ¿Qué datos se dan?

2. ¿Qué se pregunta?

3. Expresa con un número entero la profundidad a la que inicialmente se encontraba el batiscafo.

4. Escribe los números enteros con los que se describen los sucesivos movimientos del batiscafo.

5. Escribe las operaciones con números enteros que son necesarias para calcular lo que se pregunta.

6. Realiza estas operaciones, indicando los pasos que hay que seguir.

7. Responde a la pregunta planteada en el enunciado.

8. Imagina que se hubiera obtenido un resultado positivo. ¿Sería posible?

➢ En un determinado momento, había 320 personas en un centro comercial. A partir de entonces, cada minuto, entraron 32 personas y salieron 19. ¿Cuántas horas pasaron hasta que llegó a haber 5000 personas en el centro comercial?

1. ¿Qué datos se dan?

2. ¿Qué se pregunta?

3. Indica razonadamente qué operación hay que hacer para averiguar el «aumento neto», en cada minuto, del número de personas. ¿Cuál es el resultado?

4. ¿Cuántas personas más tuvieron que entrar en el centro comercial hasta llegar a las 5000 personas? ¿Por qué?

5. Indica qué operación hay que efectuar para saber los minutos que pasaron hasta que hubo 5000 personas en el centro comercial. Realiza esta operación.

6. Expresa en horas el resultado obtenido.

7. Responde a la pregunta planteada en el enunciado.

➢ En una oficina, hay una máquina de agua con una garrafa en su parte superior. Al final del día, quedan 6 L de agua, que se corresponden con las tres cuartas partes de la garrafa. ¿Cuántos litros de agua caben en la garrafa?

1. ¿Qué datos se dan?

2. ¿Qué se pregunta?

3. Haz un dibujo para representar la garrafa y sombrea la fracción de ella que está llena al final del día.

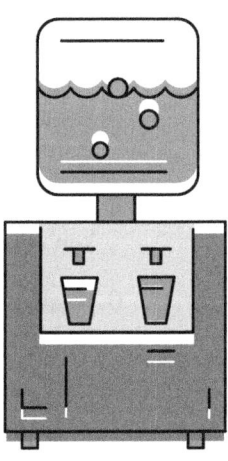

4. Indica razonadamente qué operación hay que realizar para saber con cuántos litros se corresponde cada porción del dibujo. ¿Cuál es el resultado?

5. Indica razonadamente qué operación hay que realizar para saber cuántos litros caben en la garrafa. ¿Cuál es el resultado?

6. Responde a la pregunta planteada en el enunciado.

➤ El sueldo bruto de Ricardo es de 1760 € al mes, pero le restan 55 € del seguro social y le retienen, de impuestos, un 21 % de la cantidad resultante. ¿Cuál es el sueldo neto de Ricardo?

  1. En el enunciado, hay dos conceptos que es necesario comprender para poder resolver el problema: el «sueldo bruto» y el «sueldo neto». Explica qué es cada uno de ellos.

  2. En el enunciado, se habla de la «cantidad resultante». ¿Cómo se calcula esta cantidad? ¿Cuál es?

  3. Calcula la cantidad que le retienen de impuestos.

  4. Calcula el sueldo neto de Ricardo.

  5. Responde a la pregunta planteada en el enunciado.

➤ Isidoro y Quintín son dos abogados que ofrecen los mismos precios a sus clientes. A lo largo de su carrera profesional, Isidoro ha participado en 690 pleitos, de los que ha ganado 460, mientras que Quintín ha ganado 530 de los 870 pleitos en los que ha participado. Eusebio necesita contratar a uno de estos dos abogados. ¿A cuál de los dos elegirá?

  1. Está claro que Eusebio elegirá al abogado que sea mejor. Según el enunciado, Quintín ha ganado más pleitos que Isidoro. ¿Quiere eso decir que Quintín es mejor abogado que Isidoro? ¿Por qué?

  2. ¿Cuál es el porcentaje de éxito de Isidoro?

  3. ¿Y el de Quintín?

  4. ¿Cuál de ellos tiene el mayor porcentaje de éxito?

  5. Teniendo en cuenta lo anterior, responde a la pregunta planteada en el enunciado.

  6. Imagina que los dos abogados tuvieran el mismo porcentaje de éxito. ¿Tendría Eusebio algún criterio objetivo para elegir a uno de los dos?

➤ Un teléfono móvil, una tableta y un ordenador portátil cuestan, en total, 1100 €. El portátil cuesta el triple que el móvil, y la tableta vale 150 € más que el teléfono. ¿Cuál es el precio de cada uno de estos artículos?

  1. Según los datos del enunciado, ¿cuál de los tres artículos cuesta menos?

  2. Entonces, teniendo en cuenta qué se pregunta, ¿qué significado conviene darle a la incógnita «x»?

3. Eligiendo así el significado de la incógnita, ¿cómo se expresa el precio de los otros dos artículos? Justifica la respuesta.

4. Plantea la ecuación que permite resolver el problema, teniendo en cuenta las expresiones anteriores y el precio de los tres productos juntos, según se indica en el enunciado.

5. ¿Qué tipo de ecuación es?

6. Resuelve la ecuación, indicando los pasos que se van dando.

7. Calcula el precio de los otros dos artículos, sustituyendo la solución de la ecuación en las expresiones obtenidas antes.

8. Comprueba que el precio total de los tres artículos es el indicado en el enunciado.

9. Comprueba que también se cumplen las otras relaciones indicadas en el enunciado.

10. Responde a la pregunta planteada en el enunciado.

11. Imagina que los resultados obtenidos fueran números decimales. ¿Sería posible?

12. Imagina que los resultados obtenidos fueran números negativos. ¿Sería posible?

➤ Un instituto alquiló un autobús para hacer una excursión. En principio, el autobús iba a ir completo, por lo que el precio era de 8 € por persona. Sin embargo, seis alumnos no pudieron ir, así que cada estudiante que fue de excursión tuvo que pagar un euro más. ¿Cuál es la capacidad del autobús contratado? ¿Cuánto costó alquilar el autobús?

1. Teniendo en cuenta la primera pregunta, ¿qué significado conviene darle a la incógnita «x»?

2. ¿Hay alguna relación entre ese significado de la incógnita «x» y el número de estudiantes que, en principio, iban a ir de excursión? ¿Cuál?

3. Según el enunciado, si el autobús hubiera estado completo, el precio por persona habría sido de 8 €. Teniendo en cuenta esto y el significado dado a la incógnita, ¿cómo se expresaría en lenguaje algebraico el coste del alquiler del autobús?

4. Como no se completó el autobús, cada estudiante que fue de excursión tuvo que pagar un euro más. ¿Cuánto tuvo que pagar en total cada estudiante que fue de excursión?

5. Teniendo en cuenta el significado de la incógnita y que finalmente seis alumnos no fueron de excursión, ¿cómo se expresaría en lenguaje algebraico el número de estudiantes que fueron de excursión?

6. Teniendo en cuenta las respuestas a las dos cuestiones anteriores, ¿cómo se expresaría en lenguaje algebraico el coste del alquiler del autobús?

7. Observa las preguntas y las respuestas de los pasos 3 y 6. ¿Qué conclusión se puede obtener?

8. ¿Qué ecuación hay que plantear, entonces?

9. ¿Qué tipo de ecuación es?

10. Resuelve la ecuación, indicando los pasos que se van dando.

11. Calcula el coste del alquiler del autobús, sustituyendo la solución de la ecuación en la expresión obtenida en el paso 3.

12. Comprueba que este resultado coincide con el que se obtendría sustituyendo la solución de la ecuación en la expresión del paso 6.

13. Responde a las preguntas planteadas en el enunciado.

14. Imagina que la solución de la ecuación fuera un número decimal. ¿Sería posible?

15. Imagina que los resultados obtenidos fueran números negativos. ¿Sería posible?

➢ Se ha realizado una encuesta para conocer el hábito de uso del WhatsApp por parte del alumnado de un grupo de 1.º de Bachillerato. Para ello, se ha pedido a todos los estudiantes de este grupo que respondan a la siguiente pregunta: «¿Cuántos mensajes de WhatsApp, aproximadamente, escribes durante una hora por la tarde en un día normal?».

1. ¿Cuál es la población de este estudio?

2. ¿Cuál es la variable estadística? ¿De qué tipo es?

3. A continuación, se indican las respuestas aportadas por el alumnado, por orden de lista. ¿Crees que es una buena manera de organizar los datos? ¿O hay otra mejor? Justifica la respuesta.

9, 12, 0, 15, 10, 4, 20, 12, 0, 2, 0, 8, 5, 12, 3, 10, 5, 12, 8,
0, 7, 5, 12, 3, 8, 15, 12, 9, 0, 2, 4, 4, 5, 20, 12, 15, 7, 3, 9, 10

4. Construye una tabla de frecuencias absolutas y relativas con los datos recogidos en la encuesta.

5. ¿Cuál es la moda? ¿Por qué?

6. Calcula la media.

7. Imagina que la moda hubiera sido un número decimal. ¿Sería posible?

8. Imagina que la media hubiera sido un número decimal. Explica si sería posible.

➢ Se ha realizado una encuesta a un grupo de estudiantes de 1.º de ESO para saber qué tipo de trabajo les gustaría tener cuando sean mayores. Para ello, se les ha proporcionado el siguiente cuestionario:

Marca con una «X» la letra que mejor se corresponda con el tipo de profesión que te gustaría tener cuando seas mayor:

A	Empleado público/funcionario	B	Autónomo/empresario
C	Empleado por cuenta ajena	D	Artista/deportista
E	Otros	F	No quiero trabajar en nada

1. ¿Cuál es la población de este estudio?

2. ¿Cuál es la variable estadística? ¿De qué tipo es?

3. Las respuestas de este grupo de estudiantes, por orden alfabético, son las siguientes:

B, D, A, A, B, D, D, A, E, D, B, C, D, B, B, D, E, A,
F, D, B, B, D, A, C, D, B, B, A, E, D, B, A, F

Elabora una tabla de frecuencias absolutas y relativas con los datos recogidos en la encuesta.

4. ¿Cuál es la moda? ¿Por qué? ¿Hay algo que resulte extraño?

5. ¿Y la media?

6. Realiza el gráfico estadístico más adecuado para describir los resultados de la encuesta, incluyendo los porcentajes correspondientes, redondeando, sin decimales.

> Calcula la superficie de la zona sombreada, teniendo en cuenta los datos que se muestran en el dibujo.

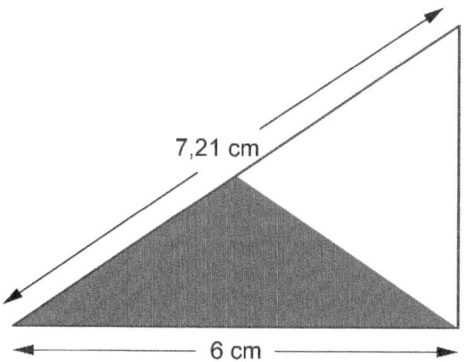

1. ¿De qué figura se trata? ¿Qué fórmula hay que utilizar para hallar la superficie pedida?

2. ¿Qué dato de la fórmula es conocido? ¿Cuál falta?

3. Observa el triángulo que conforma la figura completa. ¿De qué tipo es?

4. ¿Hay algún dato de este triángulo que se pueda calcular con la información del dibujo? ¿Cómo?

5. Llama x a ese dato y escribe esta letra en el dibujo, en el lugar adecuado. Señala también el dato que falta para poder aplicar la fórmula, trazando una línea discontinua, y coloca a su lado la letra correspondiente.

6. Fíjate bien en el dibujo. ¿Qué relación hay entre x y el dato que falta para poder aplicar la fórmula del área del triángulo? ¿Por qué?

7. Calcula el valor de x, indicando los pasos que se van dando, y redondea a las unidades el resultado obtenido.

8. Calcula el valor del dato que falta para poder aplicar la fórmula de la superficie del triángulo, teniendo en cuenta la respuesta a la cuestión 6.

9. Ahora que se tienen todos los datos necesarios, sustitúyelos en la fórmula del área del triángulo y realiza las operaciones correspondientes.

10. Responde a la cuestión planteada en el enunciado.

➢ Un mosaico con forma de hexágono regular está compuesto por piezas irregulares de 1 cm^2, sin que quede espacio libre entre ellas. El contorno del mosaico mide 12 m de longitud. ¿Cuántas piezas tiene el mosaico?

1. ¿Qué se pide? ¿Con qué medida del hexágono regular coincide? ¿Por qué?

2. Entonces, ¿qué fórmula se puede utilizar?

3. ¿Qué dato de la fórmula es conocido? ¿Cuál falta?

4. Dibuja un hexágono regular, señala el dato que falta, trazando una línea discontinua, y coloca a su lado la letra que corresponda. Traza, además, un segmento continuo para señalar uno de los radios del hexágono, tan «próximo» a la línea discontinua como sea posible.

5. ¿Cómo se puede calcular el lado del hexágono? ¿Cuánto mide?

6. ¿Qué relación hay entre el lado y el radio de un hexágono regular? ¿Se cumple en todos los polígonos regulares?

7. Entonces, ¿cuánto mide el radio del hexágono?

8. Observa que el radio y la línea discontinua dibujada son dos de los tres lados de un triángulo rectángulo. ¿Cuánto mide el tercer lado? ¿Por qué?

9. Usando este triángulo rectángulo, calcula el dato que falta para poder aplicar la fórmula del área del hexágono regular, indicando los pasos que se van dando. Utiliza todas las cifras decimales de la calculadora.

10. Ahora que se tienen todos los datos necesarios, sustitúyelos en la fórmula del área del hexágono regular y realiza las operaciones correspondientes.

11. Por último, expresa el resultado obtenido en centímetros cuadrados, para que coincida con el número de piezas del mosaico. Redondea, para que no queden cifras decimales.

12. Responde a la pregunta planteada en el enunciado.

➤ En una fábrica, hay un depósito de base circular de 6 m de radio. Como se acaba de pintar la pared exterior del depósito, se ha colocado una cinta alrededor, a un metro de distancia, para que nadie se roce con la pintura fresca. Calcula la diferencia entre la longitud de la cinta y la del contorno del depósito. Usa 3,14 como aproximación del número π.

1. Se pregunta por la diferencia entre las longitudes de dos líneas. ¿Qué forma tienen estas líneas? ¿Qué fórmula hay que utilizar, entonces?

2. ¿Qué dato se conoce? ¿Cuál falta?

3. ¿Se puede calcular rápidamente el dato que falta? ¿Cómo? ¿Cuál es su valor?

4. Denotamos por L_1 la mayor de las dos longitudes. Calcula L_1, sustituyendo el dato adecuado en la fórmula de la longitud de la circunferencia.

5. Denotamos por L_2 la menor de las dos longitudes. Calcula L_2, como antes.

6. Calcula la diferencia entre L_1 y L_2, como se pide en el enunciado.

7. Responde a la cuestión planteada en el enunciado.

8. Ahora que has resuelto el problema, imagina que se pudiera hacer lo mismo con el ecuador de la Tierra, es decir, imagina que se rodeara el ecuador de la Tierra con una cinta, situada a un metro de altura. Calcula la diferencia entre la longitud de la cinta y la del ecuador de la Tierra, indicando los pasos que se van dando. Considera que el radio del ecuador mide 6 371 000 m, y usa 3,14 como aproximación del número π.

9. Compara este último resultado con el obtenido antes, para el depósito. ¿Qué relación hay entre ambos resultados?

10. ¿Es algo sorprendente? ¿O parece «normal»? Explica la respuesta.

11. ¿Crees que sucede lo mismo con todas las circunferencias? Intenta explicarlo. Pide ayuda si no lo consigues. ¡Es un poco complicado!

➢ En una plaza cuadrada de 45 m de lado, se van a colocar nueve fuentes, también cuadradas. Para ello, se divide la plaza en nueve cuadrados iguales, formando una cuadrícula de 3 × 3, y se coloca una fuente ocupando el cuadrado central. A continuación, se hace lo mismo con los otros ocho cuadrados: cada uno de ellos se divide en nueve cuadrados más pequeños, formando una cuadrícula de 3 × 3, y se coloca una fuente en el cuadrado central. ¿Qué superficie ocupan las nueve fuentes? ¿Qué porcentaje de la plaza queda para pasear?

1. Haz un dibujo que ayude a comprender mejor la situación. Sigue los pasos descritos en el enunciado para la colocación de las fuentes. Marca con líneas discontinuas las divisiones de la plaza y colorea la zona en la que no hay fuentes.

2. ¿Cuánto mide el lado de la fuente grande? ¿Y el de las ocho fuentes más pequeñas? Explica por qué.

3. Calcula la superficie de la fuente grande.

4. Calcula la superficie de cada una de las fuentes más pequeñas.

5. Calcula la superficie ocupada por todas las fuentes.

6. Responde a la primera pregunta planteada en el enunciado.

7. Veamos ahora la segunda parte del problema. ¿Qué se pide? ¿Cómo se puede calcular, usando la respuesta a la primera pregunta? ¿Qué dato se necesita conocer?

8. Realiza los cálculos necesarios, indicando los pasos que se van dando.

9. Responde a la segunda pregunta planteada.

10. Ahora que has resuelto el problema, ¿se te ocurre otra manera de abordar la segunda parte, sin usar el dato calculado en la primera? Una pista: cuenta los cuadraditos en que ha quedado dividida la plaza y los que no están ocupados por fuentes.

➢ Carmen dispone de 200 000 € para comprarse un piso. Desea un piso con tres dormitorios y dos baños, que tenga al menos 120 m². En la inmobiliaria, le enseñan el plano de un piso que tiene un precio de 1600 €/m². ¿Cumple este piso los requisitos de Carmen?

Ten en cuenta que, en el plano, el lado de los cuadrados que forman la cuadrícula mide 2 m. La pared semicircular del salón es una vidriera.

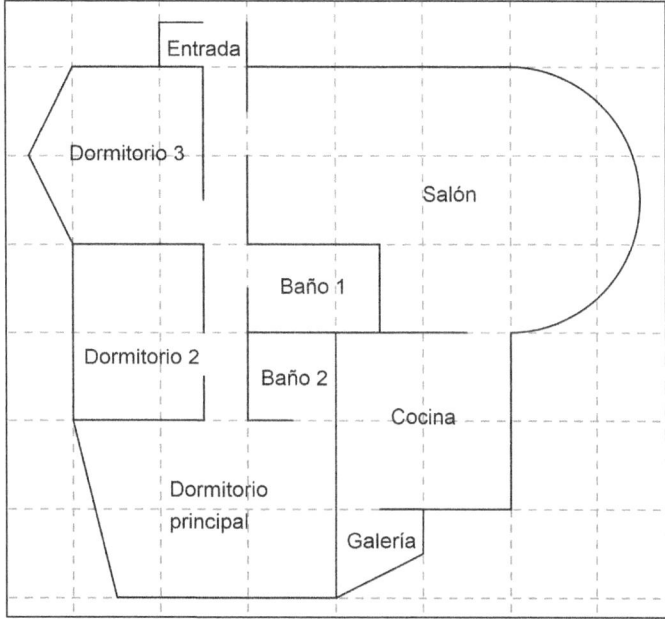

1. ¿Qué tiene que ocurrir para que este piso cumpla los requisitos de Carmen?

2. ¿Se puede calcular directamente la superficie de este piso? ¿Por qué? ¿Qué hay que hacer para calcularla?

3. Calcula la superficie de las distintas estancias del piso. Indica previamente qué figuras las componen y cuáles son sus medidas.

4. ¿Qué hay que hacer para calcular la superficie total del piso? Calcúlala.

5. ¿Tiene este piso un tamaño interesante para Carmen? ¿Por qué?

6. ¿Se puede responder ya a la pregunta planteada en el enunciado? ¿Qué dato falta?

7. ¿Qué hay que hacer para calcular este dato? Calcúlalo.

8. Responde a la pregunta planteada.

9. Después de negociar con la inmobiliaria, Carmen consiguió que le hicieran un descuento del 5 %. ¿Cuánto le costó el piso? ¿Cuánto dinero le sobró?

Una vez que le entreguen el piso, Carmen quiere pintar las paredes del salón de color celeste. En la inmobiliaria, le indicaron que podrían hacerlo ellos mismos, pero que le cobrarían 12 € por cada metro cuadrado de pared que pintaran. Si el techo del salón está a 2,65 m de altura, y cada puerta mide 2,1 m de alto y 1 m de ancho, ¿podrá pagar Carmen el trabajo de pintura con el dinero que le sobró?

10. ¿Qué dato hay que calcular para responder a esta pregunta?

11. ¿Cómo se puede calcular?

12. ¿Cuántas paredes tiene el salón, sin contar la vidriera semicircular? ¿Qué forma tienen? ¿Cuáles son sus dimensiones?

13. Calcula la superficie de cada una de las paredes del salón. Hazlo como si no hubiera puertas.

14. Calcula la superficie total de las paredes del salón, como si no hubiera puertas.

15. ¿Qué superficie ocupan las dos puertas del salón?

16. ¿Cuál es la superficie de pared que tendrán que pintar?

17. ¿Cuánto le costará a Carmen que le pinten las paredes del salón?

18. Responde a la pregunta planteada.

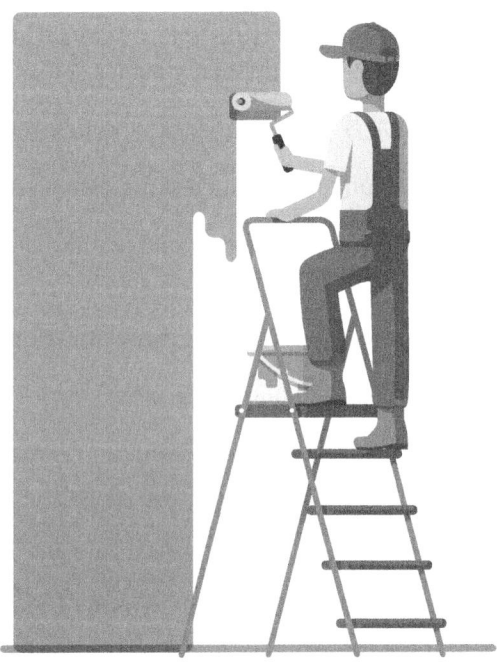

RESOLUCIÓN
DE LOS PROBLEMAS

PARA ENTENDER EL PROBLEMA

1. Varios amigos desayunan en una cafetería, cuyos precios se muestran más abajo. Han pedido dos cafés con leche, un café solo, un té, dos tostadas enteras, media tostada y un cruasán. ¿Puedes responder a estas preguntas con los datos que tienes? Justifica la respuesta.

Café solo: 1,20 €	Café con leche: 1,40 €
Té e infusiones: 1,20 €	Chocolate caliente: 2,10 €
Media tostada: 1,30 €	Tostada entera: 1,70 €
Cruasán: 0,75 €	Magdalena: 0,40 €

a) ¿Cuánto dinero gastaron en total?

☒ Sí puedo responder a la pregunta.

☐ No puedo responder a la pregunta.

Justificación: *se conocen los datos necesarios: los productos que han pedido están en el enunciado, y el precio de cada uno, en la lista de precios.*

b) ¿Cuántos amigos formaban el grupo?

☐ Sí puedo responder a la pregunta.

☒ No puedo responder a la pregunta.

Justificación: *ese dato no se puede deducir del enunciado ni de la lista de precios. Es posible que alguno de los amigos no pidiera nada. Asimismo, podría ser que alguno de los amigos tomara varias bebidas o comiera más de un producto.*

c) Si pagaran a partes iguales, ¿cuánto dinero pagaría cada uno?

☐ Sí puedo responder a la pregunta.

☒ No puedo responder a la pregunta.

Justificación: *no se sabe cuántos amigos formaban el grupo.*

d) Si más tarde llegó otro amigo y pidió un chocolate caliente y una magdalena, ¿cuánto tendría que pagar?

☒ Sí puedo responder a la pregunta.

☐ No puedo responder a la pregunta.

Justificación: *se conocen los datos necesarios, pues tanto el precio del chocolate caliente como el de la magdalena están en la lista de precios.*

e) ¿Cuál es el billete más pequeño con el que se puede pagar todo lo consumido, si se quiere dejar 1 € de propina?

☒ Sí puedo responder a la pregunta.

☐ No puedo responder a la pregunta.

Justificación: *se puede calcular el importe total y sumar un euro a esta cantidad. Después, se determina cuál es el billete más pequeño que se puede utilizar.*

2. En esta cafetería, los camareros se reparten las propinas dependiendo del tiempo que trabaja cada uno. En total, hay cuatro camareros: Antonio, Basilio, Carlos y Daniel. Antonio y Basilio trabajan 30 horas semanales cada uno; Carlos, 25 horas semanales, y Daniel, 15 horas semanales.

a) Completa la siguiente tabla, con los datos del enunciado:

CAMARERO	HORAS SEMANALES	PORCENTAJE
Antonio	*30*	*30 %*
Basilio	*30*	*30 %*
Carlos	*25*	*25 %*
Daniel	*15*	*15 %*
TOTAL	100	100 %

b) Teniendo en cuenta los datos recogidos en la tabla, ¿es posible calcular la cantidad semanal que cada camarero recibe en propinas? ¿Por qué?

☐ Sí puedo responder a la pregunta.

☒ No puedo responder a la pregunta.

Justificación: *no se conoce la cantidad total de propinas recibidas a la semana.*

c) Por término medio, cada día van 160 clientes a la cafetería, los cuales realizan una consumición media de 3,20 €. Con estos datos, ¿se podría calcular cuánto dinero, por término medio, se hace de caja a la semana? En caso afirmativo, indica las operaciones que habría que efectuar; en caso negativo, explica por qué.

☒ Sí puedo responder a la pregunta.

☐ No puedo responder a la pregunta.

Justificación: *habría que multiplicar el número medio de clientes diarios por la cantidad que, de media, gasta cada cliente. El resultado sería la caja diaria, por término medio. Para hallar la caja semanal media, habría que multiplicar esta última cantidad por 7, que son los días de la semana.*

d) Si se sabe que la caja semanal, por término medio, es de 3584 €, ¿se puede averiguar cuánto dinero recibe cada camarero de propinas al cabo de una semana? ¿Por qué?

☐ Sí puedo responder a la pregunta.

☒ No puedo responder a la pregunta.

Justificación: *aunque se conocen los ingresos medios de una semana, se sigue sin saber la cantidad que los clientes dejan de propinas.*

e) Si los clientes tuvieran que dejar obligatoriamente una propina del 10 % de la cantidad consumida, como ocurre en algunos países, ¿se podría saber cuánto ganaría cada camarero de propinas, por término medio, al cabo de una semana?

☒ Sí puedo responder a la pregunta.

☐ No puedo responder a la pregunta.

Justificación: *como se conoce la caja semanal media, calculando el 10 % de esta cantidad, se obtendrían las propinas totales de una semana, por término medio. Como en la tabla aparece el porcentaje correspondiente a cada camarero, se podría aplicar cada uno de estos porcentajes a la cantidad total de propinas semanales.*

3. Uno de los camareros de la cafetería pretende colocar varias botellas en una caja de base rectangular, de manera que todas las botellas queden de pie, sin apilar, perfectamente apoyadas sobre el fondo de la caja. Indica si puedes responder a estas preguntas con los datos que tienes. Explica por qué.

a) Como mucho, ¿cuántas botellas puede colocar en la caja de esta manera?

☐ Sí puedo responder a la pregunta.

☒ No puedo responder a la pregunta.

Justificación: *no se tiene ninguna información sobre las dimensiones de los objetos: ni de la caja ni de las botellas.*

b) El camarero ha colocado seis botellas iguales, de base cuadrada, y han quedado perfectamente encajadas, sin dejar huecos en el fondo de la caja. ¿Cuánto mide el lado de la base de las botellas?

☐ Sí puedo responder a la pregunta.

☒ No puedo responder a la pregunta.

Justificación: *no se tiene ninguna información sobre las dimensiones de la caja, por lo que podrían ser de cualquier tamaño.*

c) Si el lado de la base de cada botella mide 9 cm, ¿qué superficie tiene el fondo de la caja?

☒ Sí puedo responder a la pregunta.

☐ No puedo responder a la pregunta.

Justificación: *como se conoce el lado de la base de las botellas, se puede calcular la superficie que ocupa cada una de ellas, elevando el lado al cuadrado, porque la base es cuadrada. Después, se puede multiplicar ese resultado por 6, que son las botellas que hay en la caja. Como no quedan huecos en el fondo de la caja, el número obtenido es igual a la superficie del fondo de la caja.*

d) ¿Cuáles son las dimensiones de la base de la caja?

☐ Sí puedo responder a la pregunta.

☒ No puedo responder a la pregunta.

Justificación: *no se sabe cómo están colocadas las seis botellas. Podrían estar formando un rectángulo de 3 × 2, pero también podrían estar distribuidas en una sola fila.*

e) Si la altura de cada botella es igual al doble del lado de la base, ¿cuál es la altura de la caja?

☐ Sí puedo responder a la pregunta.

☒ No puedo responder a la pregunta.

Justificación: *aunque se puede calcular la altura de las botellas, multiplicando el lado de la base por 2, no se puede hallar la altura de la caja, porque no se sabe si las botellas llegan justo hasta arriba o queda un espacio entre la tapa de la caja y las botellas.*

f) El precio de cada botella es de 3,28 €. ¿Cuál es el precio de la caja?

☒ Sí puedo responder a la pregunta.

☐ No puedo responder a la pregunta.

Justificación: *como se conoce el precio de cada botella y el número de botellas que hay en la caja, se puede calcular el precio de esta, sin más que multiplicar.*

4. Indica si se puede resolver cada uno de los siguientes problemas con la información de sus enunciados. Justifica la respuesta.

➤ El depósito de gasolina de un coche tiene una capacidad de 49 L, y su dueña nunca espera a que esté casi vacío para ir a repostar. Un día, llenó completamente el depósito por 28 €. ¿Cuántos litros de gasolina tenía antes de llenarlo por completo?

☐ Sí lo puedo resolver con estos datos.

☒ No lo puedo resolver con estos datos.

Justificación: *sería necesario conocer el precio del litro de gasolina, para así poder calcular los litros que le echó y, después, restar esta cantidad de 49, para hallar los litros que tenía.*

➤ Mercedes trabaja en una oficina, desde las 8:00 h hasta las 15:00 h, de lunes a viernes. Su marido trabaja de repartidor, también de lunes a viernes, pero de 12:00 h a 20:00 h. ¿Cuántas horas, como máximo, pueden pasar juntos a la semana?

☐ Sí lo puedo resolver con estos datos.

☒ No lo puedo resolver con estos datos.

Justificación: *no se sabe si pueden estar juntos durante las horas de trabajo; por ejemplo, si trabajaran en la misma empresa y el marido estuviera en la oficina, mientras no tiene nada que repartir, o si pudieran verse en algún descanso.*

➤ Una bicicleta holandesa, de importación, cuesta 930 € en una tienda de España. El mismo modelo de bicicleta se vende en las tiendas de Holanda por 600 €. ¿Cuál es el beneficio que obtiene la tienda española por la venta de este modelo de bicicleta?

☐ Sí lo puedo resolver con estos datos.

☒ No lo puedo resolver con estos datos.

Justificación: *no se sabe cuánto cuesta el transporte de la bicicleta desde Holanda hasta España. Además, el hecho de que ese modelo se venda en las tiendas de Holanda a 600 € no significa que ese sea el precio de compra de la tienda española, porque podría haberla comprado a un distribuidor (que suele ser más barato), y no a una tienda.*

➤ Rocío está organizando una fiesta, a la que asistirán 12 de sus amigos, cada uno de los cuales irá acompañado de otra persona. En la fiesta también estarán los padres de Rocío, sus dos hermanos y, por supuesto, Rocío. Ha calculado que serán necesarias cuatro latas de refresco por cada persona que esté en la fiesta. ¿Cuántas latas de refresco necesita Rocío para su fiesta?

☒ Sí lo puedo resolver con estos datos.

☐ No lo puedo resolver con estos datos.

Justificación: *se puede calcular el número de personas que irán a la fiesta, y multiplicar este número por 4, que son las latas que, según ha calculado Rocío, tomará cada una de estas personas.*

➤ En una ferretería, se venden tornillos de diferente longitud. Los tornillos más pequeños se venden en bolsas de 20 unidades, mientras que los más grandes se venden por pares. Si una bolsa de tornillos pequeños cuesta 90 céntimos, ¿cuánto costará un par de tornillos grandes?

☐ Sí lo puedo resolver con estos datos.

☒ No lo puedo resolver con estos datos.

Justificación: *conociendo el precio de los tornillos pequeños, no es posible saber el de los grandes, porque no hay relación alguna entre ambos precios.*

➤ Un operario apoya una escalera de 6 m de longitud en una pared para colocar unos cables en la fachada. ¿A qué distancia de la pared queda el pie de la escalera?

☐ Sí lo puedo resolver con estos datos.

☒ No lo puedo resolver con estos datos.

Justificación: *sería necesario saber la altura a la que se apoya la escalera en la pared, para así conocer, además de la hipotenusa (la longitud de la escalera), uno de los catetos de un triángulo rectángulo. Con ese dato, se podría aplicar el teorema de Pitágoras para obtener el dato pedido.*

➤ Un tablero de ajedrez está compuesto por 64 escaques cuadrados, que forman, a su vez, un cuadrado de 8 × 8. Cada escaque tiene una superficie de 16 cm². ¿Cuánto mide el lado del tablero?

☒ Sí lo puedo resolver con estos datos.

☐ No lo puedo resolver con estos datos.

Justificación: *como se conoce la superficie de cada escaque y el número de ellos que hay en el tablero, se puede hallar la superficie de este, sin más que multiplicar. Después, basta con extraer la raíz cuadrada del número resultante, que es como se calcula el lado de un cuadrado, conocida la superficie.*

➤ La superficie de la suela de una babucha del número 42 es de 261,3 cm². ¿Cuánto mide la superficie de la suela de una babucha del número 39?

☐ Sí lo puedo resolver con estos datos.

☒ No lo puedo resolver con estos datos.

Justificación: *la forma de la suela es diferente de una babucha a otra, aun siendo del mismo número, porque depende del diseño. Así pues, aunque hay cierta relación entre el número de una babucha y la superficie de la suela, varía de unos modelos a otros, por lo que no se puede calcular la superficie conociendo solo el número. Incluso si se tratara del mismo modelo, no se sabe qué proporción existe entre una babucha del número 39 y otra del número 42, por lo que tampoco se podría calcular el dato pedido.*

> El rodapié de una habitación rectangular mide un total de 18 m (lineales). ¿Cuál es la superficie de la habitación?

☐ Sí lo puedo resolver con estos datos.

☒ No lo puedo resolver con estos datos.

Justificación: *para calcular la superficie de un rectángulo, no basta con saber el perímetro, porque se pueden formar distintos rectángulos con un mismo perímetro. Sería necesario conocer, además, la longitud de alguno de sus lados.*

> La llanta de la rueda de una bicicleta mide 2,2 m. ¿Cuánto mide el radio de la rueda?

☒ Sí lo puedo resolver con estos datos.

☐ No lo puedo resolver con estos datos.

Justificación: *como se conoce la longitud de la llanta, que es la longitud de una circunferencia, se puede calcular el radio, dividiendo por 2π, ya que la fórmula de la longitud de la circunferencia es: $L = 2\pi r$*

5. Lee los siguientes enunciados e indica qué datos no son necesarios para resolver cada problema, si es que los hay. Explica la razón.

> Por una autovía, un coche circula a 110 km/h durante dos horas y media, recorriendo 275 km. Manteniendo esa misma velocidad, ¿qué distancia recorrería en una hora y media?

Los datos no necesarios son: *los 275 km recorridos en dos horas y media, porque, para responder a la pregunta, basta con multiplicar la velocidad (110 km/h) por el tiempo invertido (una hora y media).*

> En un supermercado, hay una oferta de «3 × 2» en todos los productos lácteos, y un descuento del 10 % en artículos de papelería y librería. Enrique, que tiene 28 años, ha comprado un libro cuyo precio, antes del descuento, era de 17,90 €. ¿Cuál es el importe que Enrique tendrá que abonar en caja?

Los datos no necesarios son: *el descuento aplicado en los productos lácteos y la edad de Enrique, porque solo se pregunta por lo que ha comprado, que es un libro.*

➢ A las siete de la mañana de un día de invierno, la temperatura en la calle era de cuatro grados bajo cero. Luego fue subiendo, a razón de un grado cada hora, hasta las 12 del mediodía. A partir de ese momento, la temperatura volvió a bajar, llegando a dos grados bajo cero a las 13:00 h. Entre las 13:00 h y las 16:00 h, la temperatura se mantuvo constante y, posteriormente, fue bajando aún más durante la tarde, hasta que, al llegar las 21:00 h, hacía una temperatura de seis grados bajo cero. ¿Qué temperatura hacía a las 12 del mediodía?

Los datos no necesarios son: *todos los que se dan a partir de las 12 del mediodía, pues, sabiendo la temperatura que hacía a las siete de la mañana, y que aumenta un grado cada hora, hasta las 12 del mediodía, se puede hallar la temperatura que hacía a esta hora.*

➢ Miguel tiene tres cajas grandes. Dentro de cada caja grande, hay tres cajas pequeñas y, dentro de cada una de ellas, hay tres monederos, con tres monedas cada uno: una moneda de 1 €, una moneda de 50 céntimos y una moneda de 20 céntimos. Expresa mediante una potencia el número de monedas que Miguel tiene en total.

Los datos no necesarios son: *los valores de las monedas, ya que, para escribir mediante una potencia el número de monedas, no hace falta saber cuánto vale cada una de ellas.*

➢ Un monomio es semejante a $3x^2$, y su coeficiente es 7. ¿Cuál es el grado de ese monomio?

Los datos no necesarios son: *el coeficiente del monomio, porque, para conocer el grado, es suficiente con saber que es semejante a $3x^2$; en tal caso, es de grado 2, pues el exponente es 2.*

➢ Si a Felipe le pagaran 10 € más por cada día de trabajo, cobraría 220 € más al mes. Si su sueldo actual es de 1450 €, ¿cuántos días trabaja Felipe al mes?

Los datos no necesarios son: *el sueldo actual, porque, para calcular el número de días que Felipe trabaja al mes, basta con dividir 220 entre 10.*

➢ El área de un rectángulo es de 54 cm², y su largo mide 9 cm. ¿Cuánto mide el ancho del rectángulo?

Los datos no necesarios son: *todos los datos son necesarios, porque, para calcular el ancho, hay que dividir la superficie entre el largo, ya que la fórmula para calcular el área de un rectángulo es: $A = b \cdot h$*

➢ El resultado de sumar dos números consecutivos es 63. Además, los dos números son de distinta paridad, es decir, uno es par y el otro es impar. ¿Cuáles son esos números?

Los datos no necesarios son: *el hecho de que sean de distinta paridad, porque dos números consecutivos siempre tienen distinta paridad. Es así porque los números pares e impares van intercalados, de modo que el siguiente de un par es impar, y el siguiente de un impar es par.*

➢ Una parcela rectangular tiene unas dimensiones de 130 m × 80 m. Dentro de esta parcela hay una vivienda, con una superficie de 130 m², una pista de tenis de 23,77 m × 8,23 m, una piscina de 60 m² y una zona de *parking* de 50 m². El resto de la parcela está formado por jardines y zonas de recreo. ¿Qué superficie ocupa la pista de tenis? ¿Y la vivienda junto con la zona de *parking*?

Los datos no necesarios son: *las dimensiones y la forma (rectangular) de la parcela, porque se pueden calcular las superficies pedidas sin conocer ni su tamaño ni su forma. Tampoco es necesario conocer la superficie de la piscina, porque este dato no se utiliza para calcular lo que se pide.*

➢ Una calle recta tiene una anchura de 12 m y una longitud de 53 m. Las aceras miden 2,5 m de ancho y no hay ningún tramo de la calle sin acera. ¿Qué superficie ocupa cada acera?

Los datos no necesarios son: *la anchura de la calle, porque, para calcular la superficie de cada acera, solo hay que multiplicar la anchura de la acera por el largo de la calle (que es el mismo que el de la acera).*

➢ Una alfombra de baño tiene forma de hexágono regular. Su lado mide 25 cm y su perímetro es de un metro y medio. ¿Cuál es la superficie de la alfombra?

Los datos no necesarios son: *la medida del lado o la del perímetro, porque, conociendo una de ellas, se puede calcular inmediatamente la otra, ya que el perímetro de un hexágono regular es igual al séxtuple del lado.*

➢ La pantalla de un *smartphone* mide 6 cm de ancho y 10 cm de largo. ¿Cuántas pulgadas tiene? (Una pulgada son 2,54 cm)

Los datos no necesarios son: *todos los datos son necesarios, ya que, conociendo las dimensiones de la pantalla, se puede calcular la longitud de la diagonal, usando el teorema de Pitágoras.*

Como el resultado se obtiene en centímetros (los datos están expresados en esta unidad), hace falta saber la equivalencia entre las dos unidades de medida, para pasar el resultado a pulgadas.

➤ El cuaderno de María tiene dos tapas y 44 hojas, de 19 cm de ancho y 27 cm de alto. Un día, María colocó su cuaderno de pie sobre la mesa, con las tapas formando un ángulo recto, y dispuso las hojas de manera que, vistas desde arriba, las hojas consecutivas formaban siempre el mismo ángulo. ¿Cuál es la medida del ángulo que formaban las hojas consecutivas?

Los datos no necesarios son: *las dimensiones del cuaderno, porque, además del ángulo formado por las tapas, lo único que hace falta saber para contestar a la pregunta es la cantidad de ángulos iguales que se formaron, y eso no depende del tamaño del cuaderno, sino del número de hojas.*

6. Algunos de estos enunciados contienen alguna información sin sentido (puede ser la pregunta, algún dato, la forma en la que están escritos…). Identifica cuáles son los errores en cada caso y razona por qué.

➤ Unos amigos hacen una marcha por la sierra, comenzando en un pueblo situado a 1300 m sobre el nivel del mar. Durante la primera parte de su recorrido, van ascendiendo, hasta alcanzar los 1800 m y, posteriormente, descienden, hasta llegar a otro pueblo situado a una altura inferior a la anterior en 600 m. Después de comer y de descansar un par de horas, vuelven al pueblo de partida por un camino descendente, distinto del recorrido antes. Escribe las operaciones con números enteros que permiten determinar la altura sobre el nivel del mar de cada tramo del recorrido.

¿Dónde está el fallo? *Si, desde el pueblo de partida, ascienden hasta los 1800 m y, luego, descienden 600 m, estarán a 1200 m, porque 1800 − 600 = = 1200. Así pues, para volver al pueblo de partida, situado a 1300 m, que es un punto más elevado, no pueden ir por un camino descendente.*

➤ La madre de Luis le ha dado 20 € para que compre varias cosas en el supermercado: una barra de pan, una docena de huevos, un paquete de galletas y tres kilos de tomates. Si la barra de pan cuesta 1,20 €, la docena de huevos 1,80 €, y el paquete de galletas 2,30 €, ¿cuánto le costará el kilo de tomates?

¿Dónde está el fallo? *No es posible averiguar el precio de los tomates conociendo el precio de los otros productos y el dinero que tenía Luis. Sería necesario conocer la cantidad total gastada o el dinero que le sobró.*

➤ Juan ha conseguido ahorrar los 55 € que necesitaba para comprarse una sudadera de su equipo favorito. Cuando va a la tienda, resulta que han rebajado la sudadera un 20 %, y decide comprarse una pelota, gastándose el dinero del descuento en ella. Si le sobraron 2,70 €, ¿cuál era el precio de la pelota?

¿Dónde está el fallo? *Si se gastó el dinero del descuento en la pelota, no es posible que le sobrara dinero.*

➤ El Jet A1 es un queroseno que se utiliza como combustible en las turbinas de los motores a reacción de los aviones. Se sabe que un Boeing 747 consume 11,8 L de Jet A1 por cada kilómetro recorrido. Teniendo en cuenta que las maniobras de aproximación para el aterrizaje de un Boeing 747 se desarrollan a lo largo de unos 120 km, ¿cuánto Jet A1 consume un Boeing 747 para despegar?

¿Dónde está el fallo? *Los datos que se dan se refieren al aterrizaje, por lo que no tiene sentido que se pregunte por el consumo del despegue.*

➤ El padre de Héctor tiene 38 años, y su madre, 32. Sabiendo que la edad de Héctor es igual a la semisuma de las edades de sus padres, ¿cuál es la edad de Héctor?

¿Dónde está el fallo? *La semisuma de dos números distintos es siempre un valor comprendido entre ambos: entre 32 y 38, en este caso. Lógicamente, la edad de Héctor no puede ser mayor que la de su madre.*

➤ Elena tarda en ir de su casa al instituto el doble de lo que tarda Rubén, porque este va en bicicleta. Si Rubén vive a 1800 m del instituto, ¿a qué distancia vive Elena?

¿Dónde está el fallo? *No es posible determinar la distancia entre el instituto y la casa de Elena con los datos aportados en el enunciado. No se sabe si Elena va andando, en coche o en otro medio de transporte. Sería necesario saber a qué velocidad se desplazan.*

➤ Un pintor tarda tres días en pintar una valla, y otro hace el mismo trabajo en cuatro días. ¿Cuánto tardará en pintar una valla igual otro pintor, que no sea ninguno de estos dos?

¿Dónde está el fallo? *No tiene sentido pretender averiguar el tiempo que tarda una persona en hacer un trabajo, conociendo únicamente el tiempo invertido por otras, siendo, además, distinto para cada una.*

➢ Para comprar un coche, Rosa ha gastado el 40 % de sus ahorros y ahora tiene 23 264,07 €. ¿Cuánto dinero tenía antes de comprarse el coche?

¿Dónde está el fallo? *En este caso, no hay fallo. El enunciado tiene perfecto sentido, porque, conociendo el porcentaje del total que representa una cantidad, es posible calcular dicho total.*

➢ En un supermercado, para vender más, han decidido ampliar el horario de apertura, de manera que ahora está abierto de 9:00 a 21:45 h. Antes abrían a las 10:00 h y cerraban a las 21:00 h. ¿Cuánto tiempo más está abierto ahora cada día? ¿En qué porcentaje ha aumentado el tiempo que permanece cerrado?

¿Dónde está el fallo? *Si ahora permanece abierto durante más tiempo, es absurdo que se pregunte por el aumento porcentual del tiempo que permanece cerrado. Así pues, la segunda pregunta no tiene sentido.*

➢ Un tren sale de Madrid a las siete de la mañana y llega a Alicante dos horas y 43 minutos más tarde. A la misma hora, sale de Alicante un autobús con destino Madrid. Si la velocidad del tren es el triple que la velocidad del autobús, ¿a qué distancia estarán de Madrid cuando se crucen? ¿Y de Alicante?

¿Dónde está el fallo? *Como el tren va por una vía y el autobús por una carretera, no tiene sentido preguntar por el momento en que ambos vehículos se cruzan, puesto que es posible que eso no ocurra nunca, al ser distintos los itinerarios recorridos.*

➢ Laura tiene 50 €, y se los gasta de la siguiente manera: el 20 % en ir a cenar con sus amigos a una hamburguesería, el 70 % en ropa y el 25 % en un libro. ¿Cuánto dinero se ha gastado Laura en cada cosa?

¿Dónde está el fallo? *La suma de las cantidades gastadas excede del 100 %; lógicamente, Laura no puede gastar más del dinero que tiene.*

➢ Una recta es tangente a una circunferencia. Si denotamos por O el centro de la circunferencia y por A el punto de tangencia, resulta que el segmento OA mide 10 cm. Otro punto de la circunferencia, llamado B, cumple que el segmento AB mide 8 cm, mientras que el segmento OB mide 6 cm. Se considera el triángulo de vértices O, A y B. ¿Es un triángulo rectángulo?

¿Dónde está el fallo? *Como A es el punto de tangencia, A pertenece a la circunferencia, por lo que el segmento OA, que mide 10 cm, es igual que el radio de la circunferencia. Sin embargo, como B también está en la circunferencia, el segmento OB tiene que ser igual que el radio, pero eso no puede ser, porque el segmento OB mide 6 cm.*

> ➤ Sobre el plano de una ciudad, se ven cuatro restaurantes, *A, B, C* y *D*, que son los vértices consecutivos de un trapecio, siendo *AB* y *CD* los lados paralelos. En este trapecio, los ángulos *A, B* y *C* miden, respectivamente, 80°, 60° y 100°. ¿Cuánto mide el ángulo *D*?
>
> **¿Dónde está el fallo?** *Como los vértices A, B, C y D son consecutivos y los lados AB y CD son paralelos, la suma de los ángulos B y C debe ser igual a 180°, lo cual no se cumple, porque 60° + 100° = 160°.*

> ➤ En un triángulo rectángulo, uno de los catetos mide 12 cm, y la hipotenusa, 10 cm. ¿Cuánto mide el otro cateto?
>
> **¿Dónde está el fallo?** *La hipotenusa es el mayor de los tres lados de un triángulo rectángulo, así que no es posible que un cateto sea mayor que ella.*

> ➤ La azotea de un rascacielos tiene forma rectangular, y mide 20 m de ancho y 28 m de largo. Dentro de ella, hay un helipuerto circular, de 11 m de radio. ¿Cuánto mide la superficie de la azotea que no está ocupada por el helipuerto?
>
> **¿Dónde está el fallo?** *Si el radio del helipuerto mide 11 m, entonces, el diámetro es de 22 m, que es mayor que la anchura de la azotea. Así pues, el helipuerto no podría caber en la azotea.*

> ➤ Las Torres KIO son dos edificios rectos, pero inclinados, situados junto a la plaza de Castilla, en Madrid. Cada uno de estos dos edificios alcanza una altura de 115 m, y las fachadas inclinadas forman con el suelo un ángulo de 75°. El pico de la parte superior de cada edificio «vuela» 30 m respecto de la vertical de la base y, en él, la fachada inclinada forma un ángulo de 30° con la vertical. ¿Cuál es la longitud de la fachada inclinada?
>
> **¿Dónde está el fallo?** *Si consideramos el triángulo rectángulo formado por el suelo, la fachada inclinada y la vertical de la parte superior, resulta que, además del ángulo de 90°, tiene uno de 75° y otro de 30°, lo cual es imposible, porque 90° + 75° + 30° = 195°, y la suma de los ángulos de un triángulo es igual a 180°.*

7. Lee el siguiente enunciado e indica si las frases que aparecen a continuación son verdaderas (marcando la «V»), son falsas (marcando la «F») o si el enunciado no da información suficiente para saberlo (marcando «NS»). Posteriormente, justifica las respuestas.

Como consecuencia del descuido de unos campistas, se ha incendiado una superficie de 300 ha de monte. La mayoría de la superficie quemada estaba plantada de pinos, aunque también había alcornoques (un 15 %), algarrobos (un 12 %) y eucaliptos (un 6 %). Por suerte, en ese monte no había viviendas, por lo que nadie ha tenido que ser evacuado de su casa. Además, había muchos caminos y cortafuegos, gracias a los cuales el fuego no se ha extendido a otras zonas, a pesar del intenso viento, que complicó las labores de extinción.

		V	F	NS
1.	Aproximadamente, una tercera parte de la superficie calcinada estaba sembrada de alcornoques, algarrobos y eucaliptos	⊗	◯	◯
2.	El 67 % de la superficie quemada estaba sembrada de pinos	⊗	◯	◯
3.	Como no había viviendas en la zona, nadie ha resultado herido	◯	◯	⊗
4.	La superficie de pinos que se ha quemado es, como mucho, de 150 ha	◯	⊗	◯
5.	La superficie de pinos que se ha quemado es, al menos, de 150 ha	⊗	◯	◯
6.	Se han quemado 45 alcornoques, 36 algarrobos y 18 eucaliptos	◯	⊗	◯
7.	Si no hubiera habido tanto viento, se habría quemado menos monte	◯	◯	⊗
8.	Se han quemado más de 600 pinos	⊗	◯	◯

Justificación:

Primera afirmación

Entre alcornoques, algarrobos y eucaliptos, hay un 33 %, porque 15 + 12 + 6 = = 33, que es, aproximadamente, una tercera parte de la superficie calcinada.

Segunda afirmación

Según el enunciado, en el monte calcinado había pinos, alcornoques, algarrobos y eucaliptos. Como la superficie correspondiente a los alcornoques, algarrobos y eucaliptos representa el 33 %, el 67 % restante debe corresponderse con la superficie de pinos.

Tercera afirmación

Al no haber viviendas, no ha habido evacuados, pero no se sabe si alguien resultó herido al intentar apagar el fuego (bomberos o voluntarios que participaran en la extinción) o alguien que estuviera en el monte cuando se produjo el incendio.

Cuarta afirmación

Según el enunciado, la mayor parte de la superficie quemada (300 ha) estaba sembrada de pinos, por lo que la superficie de pinos tiene que ser, como mínimo, la mitad, es decir, al menos, 150 ha. Además, aunque no se pide ni es necesario, se podría calcular la superficie de pinos quemada, pues se corresponde con el 67 % de 300 ha, que es igual a 201 ha.

Quinta afirmación

Indica lo contrario que la afirmación anterior, que es falsa, por lo que debe ser verdadera.

Sexta afirmación

El número de alcornoques (45), de algarrobos (36) y de eucaliptos (18) se corresponde, en realidad, con el número de hectáreas, porque el 15 % de 300 ha es igual a 45 ha, el 12 % de 300 ha es igual a 36 ha y el 6 % de 300 ha es igual a 18 ha. Así pues, la afirmación sería cierta si hubiera un único árbol de cada tipo en cada hectárea, lo cual no es posible.

Séptima afirmación

Aunque es normal que, si el viento sopla fuerte, los incendios forestales se extiendan con más facilidad, con los datos del enunciado no se sabe si el viento influyó, o no, en el número de hectáreas calcinadas. Sí se sabe que el viento dificultó las labores de extinción, pero no que ello conllevara un aumento de la superficie quemada, ya que, según el enunciado, había muchos caminos y cortafuegos.

Octava afirmación

Aunque no se calcule la cantidad exacta de hectáreas sembradas de pinos, se sabe que, al ser la mayor parte de la superficie quemada, debe haber, al menos, 150 ha. Como es lógico, en una hectárea debe haber más de cuatro pinos, por lo que el número de pinos calcinados tiene que ser mayor de 600, que es el resultado de multiplicar 150 por 4.

8. Observa la resolución de cada uno de los siguientes problemas y completa los huecos que hay en sus enunciados.

> ➤ El día *1 de enero*, la temperatura en Madrid era de tres grados bajo cero, mientras que en *Río de Janeiro* era de *26* grados. ¿Qué diferencia de temperatura había en esas dos ciudades ese día?

Para calcular la diferencia de temperatura que había entre Madrid y Río de Janeiro el día 1 de enero, tenemos que restar las temperaturas de ambas ciudades ese día, colocando en primera posición la mayor de ellas (la de Río de Janeiro): $26 - (-3) = 26 + 3 = 29$

Solución: la diferencia de temperatura entre esas dos ciudades el día 1 de enero era de 29 grados.

> ➤ ¿Qué cifra se debe colocar *delante* del número *3674* para obtener un número de *cinco* cifras que sea divisible entre *9*?

Para que un número sea divisible entre 9, es necesario que la suma de sus cifras también lo sea. Como la suma de las cifras del número 3674 es igual a 20 (claramente, $3 + 6 + 7 + 4 = 20$), la cifra que debe colocarse delante debe ser 7, porque así, al sumar las cinco cifras, se obtiene 27, que es divisible entre 9.

Solución: para obtener un número de cinco cifras que sea divisible entre 9, se debe colocar delante la cifra 7.

> ➤ A primera hora de la mañana, Pablo abrió una botella de *1,5 L* de leche y se sirvió un vaso de *2 dl*. Después, *Marta* tomó 125 ml, y Raúl, un vaso de *30 cl*. ¿Qué cantidad de leche, expresada en *mililitros*, quedó en la botella después de que desayunaran los tres?

Como la cantidad de leche que había al abrir la botella está expresada en litros, en primer lugar, la pasamos a mililitros, que es la unidad en que se pide la respuesta:

$$1,5 \text{ L} = 1500 \text{ ml}$$

De la misma manera, pasamos a mililitros la cantidad de leche consumida por Pablo y por Raúl:

Pablo: 2 dl = 200 ml

Raúl: 30 cl = 300 ml

La cantidad de leche que tomó Marta ya está expresada en mililitros, por lo que no hay que cambiarla de unidades.

Para calcular la cantidad de leche consumida entre los tres, sumamos:

$$200 + 125 + 300 = 625$$

Finalmente, para hallar la cantidad de leche que quedó en la botella, restamos:

$$1500 - 625 = 875$$

Solución: después de que desayunaran los tres, quedaron 875 ml de leche en la botella.

➢ El candidato de un partido a unas elecciones estuvo _20_ días de campaña electoral. Dedicó _tres cuartas_ partes de esos días a dar mítines y a «hablar con la gente», la _décima_ parte a reunirse con sus asesores y el resto de los días a _visitar empresas_. ¿Cuántos _días_ dedicó a cada una de estas actividades?

Para saber cuántos días estuvo dando mítines y «hablando con la gente», hacemos:

$$\frac{3}{4} \text{ de } 20 = \frac{3}{4} \cdot 20 = \frac{3 \cdot 20}{4} = 3 \cdot 5 = 15$$

De manera similar, para hallar el número de días que se reunió con sus asesores, calculamos:

$$\frac{1}{10} \text{ de } 20 = \frac{1}{10} \cdot 20 = \frac{1 \cdot 20}{10} = 2$$

Por tanto, a visitar empresas dedicó tres días, porque $20 - 15 - 2 = 3$.

Solución: dedicó 15 días a dar mítines y a «hablar con la gente», dos días a reunirse con sus asesores y tres días a visitar empresas.

➢ Una habitación cuadrada tiene una superficie de _16_ m². ¿Cuánto mide el _lado_ de la habitación?

Como la habitación es cuadrada, para calcular su lado, tenemos que hallar la raíz cuadrada de su superficie. De este modo, resulta que el lado mide $\sqrt{16} = 4\,\text{m}$.

Solución: el lado de la habitación mide 4 m.

➤ En una avenida hay una rotonda de _18_ m de diámetro. La rotonda está compuesta por una zona ajardinada, de forma _circular_, y una acera que la rodea, de _2_ m de anchura. ¿Qué superficie ocupa _la zona ajardinada_?

En primer lugar, calculamos el radio de la rotonda, para lo cual dividimos su diámetro por 2:

$$18 / 2 = 9 \text{ m}$$

Como la acera tiene una anchura de 2 m, el radio de la zona ajardinada mide 7 m, porque 9 – 2 = 7.

Entonces, la superficie de la zona ajardinada se calcula así:

$$A = \pi \cdot r^2 = \pi \cdot 7^2 = 3{,}14 \cdot 49 = 153{,}86 \text{ m}^2$$

Solución: la zona ajardinada tiene una superficie de 153,86 m².

➤ Aurelio ha comprado un edredón nórdico, con unas dimensiones de _2,6_ m × _2,2_ m, para colocarlo en su cama, que mide _2_ m de largo y _1,5_ m de ancho. ¿Qué superficie del edredón queda «colgando» por fuera de la cama?

En primer lugar, calculamos la superficie del edredón:

$$A_{EDREDÓN} = 2{,}6 \cdot 2{,}2 = 5{,}72 \text{ m}^2$$

A continuación, calculamos la superficie de la cama:

$$A_{CAMA} = 2 \cdot 1{,}5 = 3 \text{ m}^2$$

Finalmente, restamos: 5,72 – 3 = 2,72 m²

Solución: la superficie del edredón que queda «colgando» por fuera de la cama es de 2,72 m².

➤ Ángela tiene unos pendientes con forma de _triángulo isósceles_. Si el ángulo que forman los dos lados iguales es de _20º_, ¿cuánto miden los otros dos ángulos?

En primer lugar, observemos que, al tratarse de un triángulo isósceles, los otros dos ángulos son iguales, por lo que podemos llamar _x_ a la medida de ambos.

Por otro lado, como la suma de los tres ángulos de un triángulo siempre es igual a 180º, teniendo en cuenta la medida del ángulo que forman los dos lados iguales, tenemos la ecuación:

$$x + x + 20 = 180$$

Resolviéndola, resulta:

$$2x = 180 - 20 \rightarrow 2x = 160 \rightarrow x = \frac{160}{2} \rightarrow x = 80$$

Solución: cada uno de los otros dos ángulos mide 80°.

➤ A Maite se le cayó una moneda de _2 €_, y estuvo rodando por el suelo una distancia de _2,1022_ m, hasta que la cogió. Si el radio de esta moneda mide _12,875_ mm, ¿cuántas vueltas dio?

En primer lugar, calculamos la medida del contorno de la moneda de 2 €, que es igual a la distancia que recorre con cada vuelta que da:

$$L = 2\pi r = 2 \cdot 3{,}14 \cdot 12{,}875 = 80{,}855 \text{ mm}$$

A continuación, expresamos en milímetros la distancia recorrida por la moneda, para tener las mismas unidades:

$$2{,}1022 \text{ m} = 2102{,}2 \text{ mm}$$

Por último, dividimos:

$$\frac{2102{,}2}{80{,}855} = 25{,}9996$$

Solución: la moneda dio 26 vueltas.

9. Lee los siguientes enunciados y escribe, para cada uno de ellos, una pregunta que pueda contestarse con los datos aportados.

➤ Un número tiene tres cifras. La cifra de las centenas es el doble de la cifra de las decenas, y esta cifra es el triple de la cifra de las unidades.

Una posible pregunta es: _¿Cuál es ese número?_

➤ Un padre y sus dos hijos, que son menores de 12 años, hacen un viaje en autobús. El precio del billete de adulto es de 19,45 €, mientras que el billete para menores de 12 años cuesta 11,20 €.

Una posible pregunta es: _¿Cuánto dinero se han gastado en total?_

➤ Un globo de helio sube rápidamente hasta los 40 m de altura y permanece a esa altura durante un tiempo. Después, desciende 12 m y, a continuación, sube 4 m. En ese momento explota.

Una posible pregunta es: _¿A qué altura estaba el globo cuando explotó?_

➤ En una clase de 32 estudiantes de 1.º de ESO, las cinco octavas partes tienen el pelo largo.

Una posible pregunta es: *¿Cuántos estudiantes tienen el pelo largo?*

➤ Lucrecia tiene tres billetes de 50 €, cuatro billetes de 20 € y tres billetes de 5 €.

Una posible pregunta es: *¿Cuánto dinero tiene Lucrecia?*

➤ El ventanal de un salón tiene forma rectangular, y sus medidas son: 2,5 m de largo y 1,35 m de ancho.

Una posible pregunta es: *¿Cuál es la superficie del ventanal?*

➤ El producto de dos números consecutivos es 42.

Una posible pregunta es: *¿Cuáles son esos números?*

➤ El precio de unos pantalones, antes de añadir el impuesto sobre el valor añadido (IVA), es de 43 €. Se sabe que el IVA que se aplica a los pantalones es del 21 %.

Una posible pregunta es: *¿Cuál es el precio de los pantalones, incluyendo el IVA?*

➤ Cada día laborable, Álvaro invierte ocho horas en dormir, ocho en trabajar, tres en comer (entre el desayuno, la comida, la merienda y la cena), 50 minutos en su higiene personal, 30 minutos en labores domésticas, 40 minutos en desplazamientos y una hora en ver la televisión. El resto del tiempo lo dedica a leer.

Una posible pregunta es: *¿Cuánto tiempo invierte Álvaro en leer cada día laborable?*

➤ En el año 2050, Elías cumplirá 47 años.

Una posible pregunta es: *¿En qué año nació Elías?*

➤ Silvia ha estado trabajando en una fábrica durante 25 días, y ha ganado 1125 €.

Una posible pregunta es: *¿Cuánto dinero ha ganado Silvia por cada día de trabajo?*

➤ Si Paco cobrara 340 € menos, su sueldo quedaría reducido a las tres cuartas partes.

Una posible pregunta es: *¿Cuál es el sueldo de Paco?*

➤ Una clase de 1.º de ESO está formada por 27 personas, entre chicos y chicas. Se sabe que hay el doble de chicos que de chicas.

Una posible pregunta es: *¿Cuántos chicos (o chicas) hay en la clase?*

➤ En una tienda hay dos tipos de leche: desnatada y semidesnatada. La botella de leche semidesnatada cuesta cuatro céntimos más que la de desnatada. Un día, compré dos botellas de leche desnatada y cuatro de semidesnatada, y me cobraron 5,38 €.

Una posible pregunta es: *¿Cuál es el precio de la leche desnatada (o semidesnatada)?*

➤ Después de gastar un tercio de una tableta de chocolate, quedan 200 g.

Una posible pregunta es: *¿Cuánto pesaba la tableta?*

➤ Los centros de dos circunferencias se encuentran a 12 cm de distancia. El radio de una de ellas mide 4 cm, y el de la otra, 6 cm.

Una posible pregunta es: *¿Cuál es la posición relativa de las dos circunferencias?*

➤ Varios cables de acero totalmente tensos sujetan una torre eléctrica por su parte superior. Cada cable mide 13 m y está anclado al suelo, a una distancia de 5 m del pie de la torre.

Una posible pregunta es: *¿Cuál es la altura de la torre?*

➤ El ayuntamiento de un pueblo ha decidido colocar un monumento en una plaza con forma triangular, de manera que esté a la misma distancia de las tres esquinas de la plaza.

Una posible pregunta es: *¿En qué lugar de la plaza habrá que colocar el monumento?*

➤ En un museo, hay una sala con forma de trapecio, que ocupa una superficie de 276 m². Las dos paredes paralelas de la sala miden, respectivamente, 20 m y 26 m.

Una posible pregunta es: *¿Qué distancia hay entre las dos paredes paralelas de la sala?*

➤ En un torreón, hay un ventanuco semicircular de 60 cm de diámetro.

Una posible pregunta es: *¿Cuál es la superficie del ventanuco?*

> ➢ Tres pueblos, *A*, *B* y *C*, están comunicados entre sí por carreteras rectas. Las dos carreteras que pasan por *A* forman un ángulo de 40°, y las dos que pasan por *B* forman un ángulo de 70°.
>
> **Una posible pregunta es:** *¿Qué ángulo forman las dos carreteras que pasan por C?*

> ➢ Una mesa de billar mide 2,74 m de largo y tiene una superficie de 4 m².
>
> **Una posible pregunta es:** *¿Cuánto mide el ancho de la mesa de billar?*

> ➢ Un arquitecto ha diseñado un edificio de 30 pisos de altura, cuya planta es un heptágono regular de 20 m de lado y 20,77 m de apotema.
>
> **Una posible pregunta es:** *¿Cuántos metros cuadrados tiene el edificio en total?*

> ➢ El London Eye es una enorme noria panorámica situada junto al río Támesis, en Londres. Tiene 32 cápsulas, donde entran las personas que quieren disfrutar de las vistas, igualmente espaciadas a lo largo del contorno de la noria.
>
> **Una posible pregunta es:** *¿Qué ángulo central forman dos cápsulas consecutivas?*

> ➢ El perímetro de un decágono regular mide 60 cm.
>
> **Una posible pregunta es:** *¿Cuánto mide el lado del decágono?*

10. Escribe las siguientes frases en lenguaje algebraico, como se muestra en el ejemplo.

> Ejemplo:
>
> En un frutero, había varias naranjas, y me he comido dos: $x - 2$

➢ El sueldo de Anselmo, después de un aumento de 100 €: *x + 100*

➢ El precio de varias barras de pan, si cada una cuesta 0,65 €: *0,65x*

➢ La mitad de la edad de la madre de Piedad: *x / 2*

➢ El ordenador de Iván tiene 250 gigas más que el de Conchi: *x + 250*

➢ La edad que tenía Julián hace seis años: *x – 6*

➢ Lucía tiene 50 € menos del doble del dinero que tiene Jorge: *2x – 50*

- ➤ Dos números consecutivos: *x y x + 1*

- ➤ El perímetro de un cuadrado: *4x*

- ➤ Las dimensiones de un rectángulo que tiene dos metros más de largo que de ancho: *x y x + 2*

- ➤ Gabriel gana un sueldo fijo de 600 €, más 150 € por cada coche que vende: *150x + 600*

- ➤ Los ingresos totales de Manolo y Puri, quien gana 200 € más que Manolo: *x + (x + 200)*

- ➤ Las tres cuartas partes de un montón de caramelos: $\dfrac{3}{4}x$

- ➤ El dinero que me queda, después de gastar las cinco octavas partes: $x - \dfrac{5}{8}x$

- ➤ El dinero que tiene Álvaro, quien posee varios billetes de 20 € y varios billetes de 100 €: *20x + 100y*

- ➤ La nota media de dos exámenes: $\dfrac{x + y}{2}$

- ➤ La cantidad de agua que queda en un depósito, si se gastan 1000 L cada día: *y – 1000x*

11. Señala, en cada caso, la frase que se corresponda con la expresión algebraica.

   - ➤ *2x + 7*

      ☐ Faltan siete años para que mi padre tenga el doble de mi edad.

      ☒ La edad que tendrá mi padre dentro de siete años, si ahora tiene el doble que yo.

      ☐ El doble de la edad que tendrá mi padre dentro de siete años.

   - ➤ *5(x – 55)*

      ☒ Mis ahorros de cinco meses, si cada mes gasto 55 €.

      ☐ Mis ahorros de cinco meses, si me pagaran 55 € más cada mes.

      ☐ Mis ahorros de cinco meses, si ahorrara 55 € cada mes.

➤ $x - \dfrac{2x}{7}$

☐ La distancia que me queda por recorrer, si he recorrido 2/7 km.

☒ La distancia que he recorrido, si todavía me quedan 2/7 del viaje.

☐ La distancia que me queda por recorrer, menos 2/7 del viaje.

➤ $2x + 2y$

☐ El área de dos cuadrados.

☐ El área de un rectángulo.

☒ El perímetro de un rectángulo.

12. En un instituto se ha realizado un estudio estadístico para conocer la estatura del alumnado de la ESO. Responde a las siguientes preguntas, relacionadas con este estudio.

   a) ¿Cuál es la población?

   El alumnado de la ESO del instituto.

   b) ¿Cuál es la variable estadística? ¿De qué tipo es?

   La variable estadística es la «estatura». Es una variable cuantitativa, porque toma valores numéricos.

   c) Si, para realizar el estudio, no se observara toda la población, sino una muestra, ¿sería adecuado medir solo la estatura del alumnado de 1.º de ESO? ¿Por qué?

   No sería adecuado, porque el alumnado de 1.º de ESO suele ser más bajo que el de cursos posteriores; midiendo solo al alumnado de 1.º de ESO, los resultados no se ajustarían a la población.

   d) ¿Y medir solo al alumnado de 4.º de ESO? ¿Por qué?

   Tampoco sería adecuado, porque el alumnado de 4.º de ESO suele ser más alto que el de cursos anteriores, por lo que las conclusiones no serían válidas para toda la población.

   e) ¿Te parecería razonable dividir la población en dos subpoblaciones: una formada por los chicos y otra formada por las chicas? ¿Por qué?

   Sería razonable solo si quiere estudiarse la relación entre el género y la estatura; si lo que se pretende es extraer conclusiones generales sobre la estatura del alumnado, no sería necesario hacer esta distinción.

f) ¿Y dividirla en otras dos subpoblaciones: una formada por las personas que usan gafas y otra por las que no? ¿Por qué?

No sería razonable, porque la estatura no tiene ninguna relación con el uso o no de gafas.

g) Se ha medido la estatura de todo el alumnado de la ESO, y se ha obtenido la estatura media por curso que se muestra en la tabla. ¿Se podría calcular la estatura media del alumnado de la ESO de este instituto con estos datos? ¿Por qué?

Curso	Estatura media
1.º de ESO	1,48 m
2.º de ESO	1,58 m
3.º de ESO	1,66 m
4.º de ESO	1,71 m

No se podría calcular la estatura media del alumnado de la ESO, porque no se sabe la proporción de estudiantes que hay en cada curso ni el número de personas que tienen una determinada estatura.

h) Si la respuesta a la pregunta anterior es afirmativa, indica cómo se calcularía la estatura media; si es negativa, indica qué datos serían necesarios.

Sería necesario conocer la distribución de frecuencias de la variable estadística, esto es, el número de estudiantes que tienen las distintas estaturas medidas.

i) Teniendo en cuenta los datos de la tabla, ¿se podría asegurar que todas las personas de 2.º de ESO miden más de 1,48 m, que es la media de 1.º de ESO? ¿Por qué?

No se podría asegurar, porque el hecho de que la estatura media de 2.º de ESO sea 10 cm superior a la de 1.º de ESO no significa que todas las personas de 2.º de ESO estén por encima de esa estatura, porque, para que la estatura media de 2.º de ESO sea de 1,58 m, salvo que todos los estudiantes midan lo mismo (lo cual es muy improbable), debe haber algunas personas por encima de esa estatura, y otras por debajo, pudiéndose dar el caso de que alguna estuviera por debajo incluso de 1,48 m.

13. En la tabla, se muestra el salario medio anual bruto (antes de pagar impuestos), correspondiente al año 2022, en varios países de Europa, ordenados alfabéticamente. Para los países que no tienen el euro como moneda oficial, indicados con (*), se ha hecho la conversión a euros (*fuente*: <datosmacro.com>).

País	Salario medio anual
Alemania	55 041 euros/año
Austria	52 666 euros/año
Bélgica	55 332 euros/año
Bulgaria (*)	10 840 euros/año
Dinamarca (*)	62 933 euros/año
España	28 360 euros/año
Finlandia	50 774 euros/año
Francia	41 540 euros/año
Grecia	19 912 euros/año
Países Bajos	57 513 euros/año
Italia	33 855 euros/año
Noruega (*)	65 935 euros/año
Portugal	21 606 euros/año
Reino Unido (*)	51 949 euros/año
Suiza (*)	100 413 euros/año

a) ¿De cuántos países se aportan datos?

De 15.

b) ¿En cuántos de estos países se cobra un salario medio anual bruto superior a 40 000 €? ¿Cuáles son estos países?

En 10 países: Alemania, Austria, Bélgica, Dinamarca, Finlandia, Francia, Países Bajos, Noruega, Reino Unido y Suiza.

c) Ordena los países de la tabla, de mayor a menor salario medio anual bruto.

Suiza, Noruega, Dinamarca, Países Bajos, Bélgica, Alemania, Austria, Reino Unido, Finlandia, Francia, Italia, España, Portugal, Grecia y Bulgaria.

d) ¿Qué posición ocupa España en el *ranking* anterior?

La posición 12.

e) ¿Cuáles son los países en los que el salario medio anual bruto es menor que en España?

Portugal, Grecia y Bulgaria.

f) Según los datos de la tabla y la respuesta a las cuestiones anteriores, ¿dirías que España es un país rico dentro de Europa? ¿Por qué?

Diría que no, porque es de los que tienen un salario medio anual bruto más bajo.

g) ¿Los datos de la tabla son suficientes para asegurar que la respuesta a la cuestión anterior es totalmente cierta? Si la respuesta es afirmativa, indica por qué; si es negativa, indica qué datos se necesitarían.

No son suficientes, porque es posible que haya países en Europa donde el salario medio anual bruto sea menor (o mayor). Sería necesario conocer los datos de todos los países de Europa, no solo de estos 15.

h) Con los datos de la tabla, ¿se podría calcular el salario medio mensual bruto en España? En caso negativo, explica por qué; en caso afirmativo, indica qué operación se tendría que hacer. Ten en cuenta que, normalmente, son 14 pagas anuales: una cada mes y dos pagas extra.

Sí se podría: se tendría que dividir 28 360 entre 14.

i) ¿Se podría saber cuál es el sueldo más común en España? Justifica la respuesta.

No se podría, porque, conociendo solo la media, no es posible hallar la moda.

PARA PLANIFICAR LA RESOLUCIÓN DEL PROBLEMA

14. Analiza las operaciones realizadas en la resolución y señala cuáles de los siguientes enunciados se podrían resolver de este modo. Para los enunciados que no puedan resolverse así, explica la razón.

En primer lugar, sumamos las cantidades que debemos restar de la inicial:

$$100 + 400 + 120 + 60 + 800 + 140 = 1620$$

En segundo lugar, restamos el resultado obtenido del dato inicial:

$$1850 - 1620 = 230$$

☒ Los ingresos mensuales de una familia son de 1850 €, de los que, a final de mes, consiguen ahorrar 100 €. Se sabe que gastan 400 € en la hipoteca; 120 € en suministro de electricidad, agua, teléfono e Internet; 60 € en seguros diversos; 800 € en el supermercado; y 140 € en ropa y complementos. El resto lo destinan al ocio (restaurantes, cafés, cines, conciertos, teatro…). ¿Cuánto dinero invierten en ocio al mes?

☐ Un poco de historia:

> Los sellos de Correos se empezaron a utilizar en España por primera vez en el año 1850, mientras que el primer trasplante de riñón del mundo se llevó a cabo 100 años más tarde, aunque sin éxito. 400 años antes de este acontecimiento, nació el matemático escocés John Napier y, 120 años antes, Juana de Arco había sido capturada. 800 años antes de la captura de Juana de Arco, Mahoma regresó a La Meca para convertirla en el centro de piedad del mundo islámico. 140 años antes, no ocurrió nada digno de mención. ¿A qué año nos referimos?

☒ A las 9 de la mañana, por un fallo, en un alto horno la temperatura descendió 100 °C. A las 11 de la mañana, bajó otros 400 °C y, posteriormente, fue bajando en repetidas ocasiones: a las 12:00 h, bajó 120 °C; a las 14:00 h, bajó 60 °C; a las 15:30 h, descendió 800 °C; y a las 17:00 h, disminuyó en 140 °C. Finalmente, a las 18:00 h, se resolvió el problema y la temperatura subió hasta los 1850 °C, que es la que había antes de que se produjera el fallo. ¿A qué temperatura estaba el alto horno justo antes de que se solucionara el problema?

☒ Unos montañistas descienden desde la cima de una montaña, situada a 1850 m sobre el nivel del mar. Realizan el descenso en varias etapas: en la primera descienden 100 m; en la segunda, 400 m; en la tercera, 120 m; en la cuarta, 60 m; en la quinta, 800 m; y en la sexta, 140 m. ¿A qué altura sobre el nivel del mar se encuentran después de la sexta etapa?

☐ El sueldo de Alberto es de 1850 € mensuales. Un mes ganó 100 € en la lotería y tuvo distintos gastos: por una parte, se gastó 400 €; por otra, 120 €; por otra, 60 €; por otra, 800 €; y, finalmente, se gastó otros 140 €. ¿Cuánto dinero le sobró a Alberto ese mes?

Justificación: *ni el segundo ni el quinto enunciado pueden resolverse de la manera indicada, porque, en los dos casos, habría que sumar 100 a 1850, en lugar de restárselo, como sucede en la resolución mostrada.*

15. Analiza las operaciones realizadas en la resolución y señala cuáles de los siguientes enunciados se podrían resolver de este modo. Para los enunciados que no puedan resolverse así, explica la razón.

En primer lugar, realizamos las siguientes multiplicaciones:

$$2,50 \cdot 0,86 = 2,15$$
$$0,15 \cdot 12,40 = 1,86$$
$$2 \cdot 0,45 = 0,90$$

En segundo lugar, sumamos los resultados obtenidos y el número 2,35:

$$2,15 + 1,86 + 0,90 + 2,35 = 7,26$$

☐ Cuando Emilio abrió su hucha, tenía 2,50 € en monedas de 50 céntimos, 0,15 € en monedas de 1 céntimo y 0,45 € en monedas de 5 céntimos. En una agencia, le cambiaron las monedas de 50 céntimos por libras esterlinas (a 0,86 libras/euro), las monedas de 1 céntimo por otra divisa extranjera (a 12,40 cada euro) y las monedas de 5 céntimos por otra divisa extranjera (a 2 unidades cada euro). Además, fuera de la hucha, Emilio tenía 2,35 €, que no cambió. ¿Cuánto dinero tenía Emilio en total, después de haber cambiado las monedas?

☒ Para realizar un proyecto, un arquitecto necesita varias piezas de cartón: una pieza rectangular de 2,50 dm de largo y 0,86 dm de ancho; una tira de 0,15 dm de ancho y 12,40 dm de largo; una pieza rectangular de 2 dm de largo y 0,45 dm de ancho; y una pieza irregular, con una superficie de 2,35 dm^2. ¿Qué superficie total de cartón, expresada en decímetros cuadrados, necesita el arquitecto para fabricar las piezas?

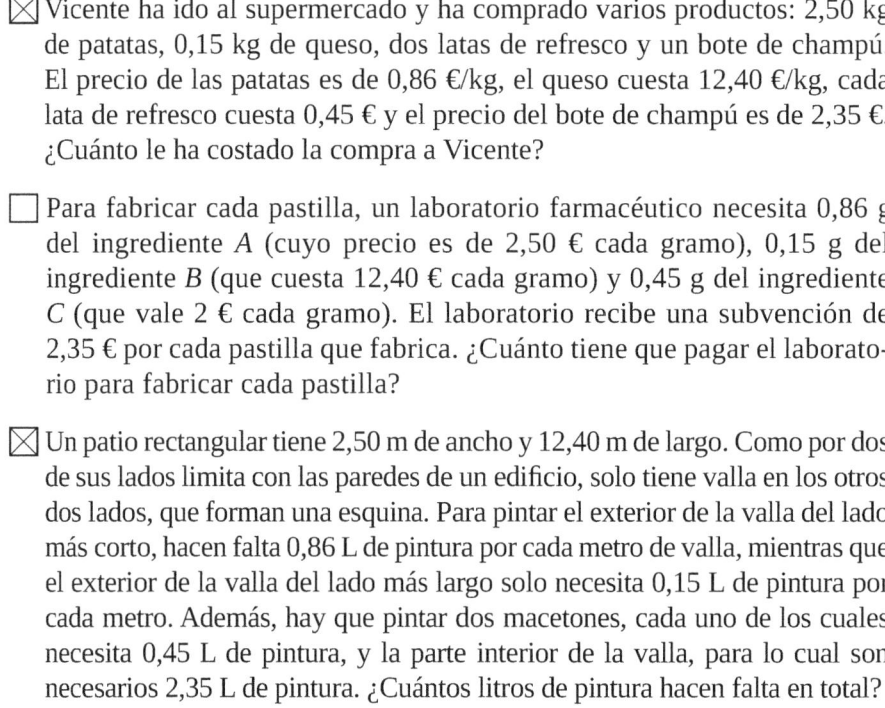

Vicente ha ido al supermercado y ha comprado varios productos: 2,50 kg de patatas, 0,15 kg de queso, dos latas de refresco y un bote de champú. El precio de las patatas es de 0,86 €/kg, el queso cuesta 12,40 €/kg, cada lata de refresco cuesta 0,45 € y el precio del bote de champú es de 2,35 €. ¿Cuánto le ha costado la compra a Vicente?

Para fabricar cada pastilla, un laboratorio farmacéutico necesita 0,86 g del ingrediente *A* (cuyo precio es de 2,50 € cada gramo), 0,15 g del ingrediente *B* (que cuesta 12,40 € cada gramo) y 0,45 g del ingrediente *C* (que vale 2 € cada gramo). El laboratorio recibe una subvención de 2,35 € por cada pastilla que fabrica. ¿Cuánto tiene que pagar el laboratorio para fabricar cada pastilla?

Un patio rectangular tiene 2,50 m de ancho y 12,40 m de largo. Como por dos de sus lados limita con las paredes de un edificio, solo tiene valla en los otros dos lados, que forman una esquina. Para pintar el exterior de la valla del lado más corto, hacen falta 0,86 L de pintura por cada metro de valla, mientras que el exterior de la valla del lado más largo solo necesita 0,15 L de pintura por cada metro. Además, hay que pintar dos macetones, cada uno de los cuales necesita 0,45 L de pintura, y la parte interior de la valla, para lo cual son necesarios 2,35 L de pintura. ¿Cuántos litros de pintura hacen falta en total?

Justificación:

Si la resolución se correspondiera con el primer enunciado, se estarían sumando monedas de distintos países, con distinto valor, lo cual no tiene sentido.

El cuarto enunciado tampoco puede resolverse de esta manera, porque la subvención de 2,35 € habría que restarla del dinero que el laboratorio tiene que invertir en fabricar cada pastilla, no sumarla.

16. Analiza el siguiente planteamiento y señala cuáles de los siguientes enunciados se podrían resolver de este modo. Para los enunciados que no puedan resolverse así, explica la razón.

Si *x* es el número pedido, para calcularlo, debemos resolver la ecuación:

$$3(x + 200) = 4x - 600$$

Al-Abhari fue un matemático que vivió en la Edad Media. Si calculamos el triple del resultado de sumar 200 al año de su nacimiento, sale lo mismo que si restamos 600 del cuádruple del año de su nacimiento. ¿En qué año nació Al-Abhari?

☒ Si me subieran el sueldo en 200 €, al cabo de tres meses, ganaría 600 € menos de lo que gano ahora en cuatro meses. ¿Cuál es mi sueldo?

☐ Una avioneta vuela a cierta altura. Si alcanzara el triple de esa altura y luego subiera 200 m más, llegaría a la misma altura que si estuviera 600 m por debajo del cuádruple de la altura a la que se encuentra. ¿A qué altura está la avioneta?

☐ Para ir de Castellón a Ámsterdam, hay que pasar por Barcelona, que está a unos 200 km de Castellón. Si se realiza el itinerario Castellón-Ámsterdam-Castellón-Ámsterdam, se recorren 600 km más que si se realiza el itinerario Barcelona-Ámsterdam-Barcelona-Ámsterdam-Barcelona. ¿Cuántos kilómetros hay de Barcelona a Ámsterdam?

☒ Para preparar un postre, hace falta cierta cantidad de puré de fruta y 200 g de azúcar. Se sabe que tres de estos postres pesan lo mismo que el puré de fruta necesario para hacer cuatro postres, menos 600 g. ¿Cuántos gramos de puré de fruta hacen falta para preparar uno de estos postres?

Justificación:

El tercer enunciado no puede resolverse de este modo, porque no es lo mismo multiplicar una cantidad por 3 y sumar 200 al resultado que sumar 200 y luego multiplicar por 3; para plantear la ecuación correspondiente a este enunciado, habría que suprimir los paréntesis en la ecuación dada.

El cuarto enunciado no puede resolverse de este modo, porque establece que se recorren 600 km más, en lugar de 600 km menos; para plantear la ecuación correspondiente a este enunciado, habría que cambiar el signo «−» por el signo «+» en el segundo miembro de la ecuación dada.

17. Analiza la resolución mostrada y señala cuáles de los siguientes enunciados se podrían resolver de este modo. Para los enunciados que no puedan resolverse así, explica la razón.

En primer lugar, realizamos un dibujo y colocamos los datos y la incógnita:

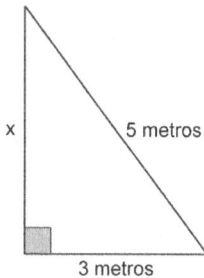

x
5 metros
3 metros

A continuación, aplicamos el teorema de Pitágoras, para hallar el dato desconocido:

$$x^2 + 3^2 = 5^2 \rightarrow x^2 + 9 = 25 \rightarrow x^2 = 25 - 9 \rightarrow x^2 = 16 \rightarrow x = \pm\sqrt{16} \rightarrow x = \pm 4$$

Ahora bien, como x representa una longitud, no puede ser negativa, por lo que descartamos el valor $x = -4$.

Por tanto, la respuesta a la pregunta es: 4 m

☒ El balcón de una vivienda tiene forma triangular y está situado en una esquina del edificio, cuyas paredes forman un ángulo recto (vistas desde la calle). La barandilla del balcón mide 5 m de largo, y una de las paredes que lo delimitan tiene una longitud de 3 m. ¿Cuál es la longitud de la otra pared que delimita el balcón?

☐ En el mecanismo de montaje de una fábrica, hay un elemento compuesto por tres grandes barras metálicas, que forman un triángulo. Una de estas barras mide 3 m de longitud, y otra, 5 m. ¿Cuál es la longitud de la tercera barra?

☒ Andrea quiere colgar una hamaca en su jardín, que es rectangular, para tumbarse a leer por las tardes. Como no está segura de que la hamaca quepa, decide medir el ancho del jardín, resultando ser de 3 m, lo cual no es suficiente para colocar la hamaca. Entonces, mide la diagonal del jardín, y resulta ser de 5 m, que es más de lo que necesita. Andrea se pregunta si la hamaca cabrá en el largo del jardín. ¿Cuánto mide este largo?

☒ La fachada de un edificio está apuntalada con una viga de 5 m de longitud, anclada al suelo a 3 m de distancia de la fachada del edificio. ¿A qué altura se encuentra el punto de contacto entre la viga y la fachada?

☐ La vela de una embarcación tiene forma de triángulo rectángulo. Para que se mantenga tensa, un lado de la vela está fijado al mástil, a lo largo de 5 m, y otro lado está atado a un palo horizontal de 3 m de largo, que puede girar en torno al mástil. ¿Cuánto mide el tercer lado de la vela?

Justificación:

En el segundo enunciado, no se dice nada sobre los ángulos que forman las barras metálicas; podrían formar un triángulo que no sea rectángulo.

En el quinto enunciado, las longitudes que se dan corresponden a los catetos, no a la hipotenusa y a un cateto, que es el caso de la resolución mostrada.

18. Relaciona cada resolución con su enunciado correcto, si es posible. Para ello, escribe el número correspondiente en cada recuadro en blanco.

1 En primer lugar, calculamos la quinta parte de 30:

$$\frac{1}{5} \text{ de } 30 = \frac{1}{5} \cdot 30 = \frac{1 \cdot 30}{5} = 6$$

A continuación, restamos este resultado del dato inicial: $30 - 6 = 24$

Ahora, hallamos la sexta parte del número obtenido:

$$\frac{1}{6} \text{ de } 24 = \frac{1}{6} \cdot 24 = \frac{1 \cdot 24}{6} = 4$$

Finalmente, restamos: $24 - 4 = 20$

Así pues, el número 20 da respuesta a la pregunta formulada en el enunciado.

2 En primer lugar, calculamos la quinta parte de 30:

$$\frac{1}{5} \text{ de } 30 = \frac{1}{5} \cdot 30 = \frac{1 \cdot 30}{5} = 6$$

A continuación, restamos este resultado del dato inicial: $30 - 6 = 24$

Ahora, hallamos la sexta parte del número obtenido:

$$\frac{1}{6} \text{ de } 24 = \frac{1}{6} \cdot 24 = \frac{1 \; 24}{6} = 4$$

Finalmente, restamos: $30 - 4 = 26$

Así pues, el número 26 da respuesta a la pregunta formulada en el enunciado.

3 En primer lugar, calculamos la quinta parte de 30:

$$\frac{1}{5} \text{ de } 30 = \frac{1}{5} \cdot 30 = \frac{1 \cdot 30}{5} = 6$$

A continuación, hallamos la sexta parte de 30:

$$\frac{1}{6} \text{ de } 30 = \frac{1}{6} \cdot 30 = \frac{1 \cdot 30}{6} = 5$$

Finalmente, restamos las cantidades obtenidas del dato inicial:

$$30 - 6 - 5 = 19$$

Así pues, el número 19 da respuesta a la pregunta formulada en el enunciado.

2 El suelo de una sala tiene 30 losas. La quinta parte de las losas son rojas, mientras que la sexta parte del resto son blancas. Las demás son grises. ¿Cuántas losas hay en el suelo de la sala que no son blancas?

3 Una tableta de chocolate tenía 30 onzas. Un día, Sandra se comió la quinta parte, y su hermano, la sexta parte. ¿Cuántas onzas de chocolate quedaron?

1 La quinta parte de un grupo de 1.º de ESO, formado por 30 estudiantes, va al cine una vez a la semana, mientras que la sexta parte del resto lo hace una vez al mes. Los demás van al cine menos de una vez al mes. ¿Cuántas personas de este grupo van al cine menos de una vez al mes?

19. Relaciona cada resolución con su enunciado correcto, si es posible. Para ello, escribe el número correspondiente en cada recuadro en blanco.

1 Representando las dos ciudades en un plano, para construir las dos carreteras como se pide, hay que trazar dos rectas que pasen por *B*, de manera que la bisectriz del ángulo que formen estas dos rectas pase por *A*. La situación queda como se muestra en el gráfico:

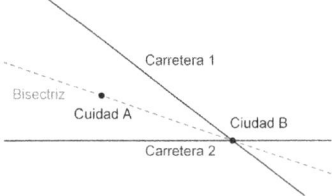

2 Representando las dos ciudades en un plano, para construir las dos carreteras como se pide, hay que trazar la mediatriz del segmento *AB* y, después, trazar las rectas que unen, respectivamente, *A* y *B* con un mismo punto de la mediatriz. La situación queda como se muestra en el gráfico:

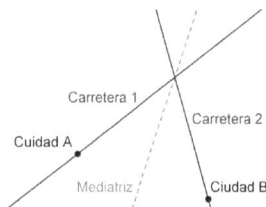

3 Representando las dos ciudades en un plano, para construir las dos carreteras como se pide, hay que trazar la recta que une *A* y *B*, y la mediatriz del segmento *AB*. La situación queda como se muestra en el gráfico:

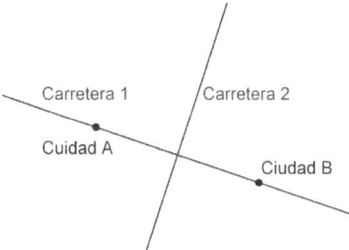

3 El Ministerio ha aprobado la construcción de dos carreteras rectas: una debe pasar por las ciudades *A* y *B*, y la otra debe estar a la misma distancia de estas dos ciudades, pero sin pasar por ellas. ¿Cómo deben construirse estas dos carreteras?

1 El Ministerio ha aprobado la construcción de dos carreteras rectas: deben pasar por una ciudad *B*, y no pasar por una ciudad *A*, pero tienen que estar a la misma distancia de esta última ciudad. ¿Cómo deben construirse estas dos carreteras?

2 El Ministerio ha aprobado la construcción de dos carreteras rectas: una debe pasar por una ciudad *A*, y la otra, por una ciudad *B*, de manera que se corten en un punto situado a la misma distancia de las dos ciudades. ¿Cómo deben construirse estas dos carreteras?

20. Analiza la resolución de los siguientes problemas. Identifica las alternativas correctas y justifica por qué.

   ➤ El personal de un taller tarda dos horas en cambiar las ruedas de 16 coches. Si trabajan al mismo ritmo, ¿cuánto tardarán en cambiar las ruedas de 26 coches?

   Las magnitudes «*número de coches*» y «*tiempo invertido*» son **directamente**/inversamente proporcionales, ya que, para cambiar las ruedas a un **mayor**/menor número de coches, se necesita más tiempo.

   Si en cambiar las ruedas de 16 coches tardan 2 h, en cambiar las de 26 coches, tardarán *x*.

Así, establecemos esta proporción:

$$16 \cdot 2 = 26 \cdot x \; / \; \frac{16}{2} = \frac{26}{x}$$

Ahora, hallamos el término desconocido:

$$16 \cdot x = 26 \cdot 2 \rightarrow x = \frac{26 \cdot 2}{16} = 3{,}25 \; / \; x = \frac{16 \cdot 2}{26} = 1{,}38$$

> TEN EN CUENTA ¿Cuántos minutos son un cuarto de hora?

Por tanto, en cambiar las ruedas de 26 coches, tardarán tres horas y 25 minutos/**tres horas y 15 minutos**/una hora y 38 minutos.

Justificación: *las dos magnitudes son directamente proporcionales, así que tenemos que plantear una relación de proporcionalidad directa. Además, como un cuarto de hora (0,25 h) son 15 minutos, 3,25 h son tres horas y 15 minutos.*

➢ El precio de unos zapatos, incluyendo el 21 % de IVA, es de 50 €. ¿Cuál es su precio sin IVA?

En primer lugar, denotamos por x el precio de los zapatos, sin incluir el IVA, que identificamos con el 100 %.

Entonces, identificamos los 50 € con el 79 %/**121 %**, que es el porcentaje que resulta al **sumar**/restar un 21 % al total, es decir, al 100 %.

Además, como se trata de porcentajes, las magnitudes que intervienen son **directamente**/inversamente proporcionales, por lo que podemos plantear la siguiente proporción:

$$\frac{79}{100} = \frac{x}{50} \; / \; \frac{100}{121} = \frac{x}{50} \; / \; \frac{100}{79} = \frac{x}{50} \; / \; \frac{121}{100} = \frac{x}{50}$$

De este modo, hallamos el valor de x:

$$\frac{79}{100} = \frac{x}{50} \rightarrow x = \frac{50 \cdot 79}{100} = 39{,}50 \; / \; \frac{100}{121} = \frac{x}{50} \rightarrow x = \frac{50 \cdot 100}{121} = 41{,}32$$

$$\frac{100}{79} = \frac{x}{50} \rightarrow x = \frac{50 \cdot 100}{79} = 63{,}29 \; / \; \frac{121}{100} = \frac{x}{50} \rightarrow x = \frac{50 \cdot 121}{100} = 60{,}50$$

Por tanto, el precio sin IVA de los zapatos es de 39,50 € / **41,32 €** / 63,29 € / 60,50 €.

Justificación: *si identificamos el precio sin IVA, que es x, con el 100 %, entonces, los 50 € tienen que identificarse con el 121 %, porque deben ser el resultado de sumar el precio sin IVA (el 100 %) y el 21 % de IVA. Además, al tratarse de porcentajes, son magnitudes directamente proporcionales.*

21. Analiza la resolución de los siguientes problemas y rellena los huecos en blanco.

> En la caja registradora de una tienda, hay 134,71 € en monedas y, además, 12 billetes de 20 €, nueve billetes de 10 € y ocho billetes de 5 €. ¿Cuánto dinero hay en la caja registradora?

En primer lugar, hay que *multiplicar* el número de billetes de cada tipo por *el valor* de cada uno:

$12 \cdot 20 = 240$ $\qquad\qquad$ $9 \cdot 10 = 90$ $\qquad\qquad$ $8 \cdot 5 = 40$

A continuación, tenemos que *sumar* los resultados anteriores y la cantidad de dinero que hay en monedas:

240 + 90 + 40 + 134,71 = 504,71

Solución: en la caja registradora hay *504,71* €.

> En una copistería, las fotocopias a una cara cuestan cinco céntimos, y a dos caras, un 10 % menos. Además, a partir de 1000 fotocopias, se hace un descuento de otro 15 %. ¿Cuánto costará hacer 1200 fotocopias a dos caras?

Si las fotocopias costaran cinco céntimos por unidad, 1200 fotocopias costarían *6000* céntimos, que es el resultado de *multiplicar* 1200 y 5.

Aunque es más frecuente hablar de euros —en lugar de céntimos— cuando son cantidades elevadas, para evitar hasta el final el uso de números decimales, realizaremos los cálculos con el número obtenido, sin «pasarlo» a euros.

Como las fotocopias se van a hacer a dos caras, hay que descontar el *10* %. Así pues, hallamos el *10* % de 6000, que es *600* (tengamos en cuenta que, para calcular el *10* %, solo hay que *quitar un cero*) y, a continuación, restamos el resultado obtenido:

6000 – 600 = 5400

Como, además, hay que hacer un descuento del _15_ %, porque son más de 1000 fotocopias, calculamos este porcentaje:

$$15\% \, de \, 5400 = \frac{15}{100} \cdot 5400 = \frac{15 \cdot 5400}{100} = 810$$

Ahora, como antes, restamos:

_5400 – 810 = 4590_

Por último, escribimos los céntimos en euros, que es lo más habitual: _4590_ céntimos = _45,90_ €.

Solución: el coste de 1200 fotocopias a dos caras será de _45_ € y _90_ céntimos.

> En una estantería, hay tres libros de Matemáticas y cinco de Economía. Cada libro de Matemáticas tiene 340 páginas, y los tres libros de Matemáticas juntos tienen la misma cantidad de páginas que los cinco de Economía. ¿Cuántas páginas tiene cada libro de Economía, si todos ellos tienen el mismo número de páginas?

Para calcular el número de páginas de los tres libros de Matemáticas juntos, tenemos que _multiplicar_ el número de páginas de cada libro por _3_:

_3 · 340 = 1020_

Así pues, como los tres libros de Matemáticas tienen las mismas páginas que los cinco libros de _Economía_, estos tienen _1020_ páginas en total.

Por tanto, para hallar cuántas páginas tiene cada libro de Economía, hay que _dividir_ el resultado anterior por _5_:

$$\frac{1020}{5} = 204$$

Solución: cada libro de Economía tiene _204_ páginas.

> Tania ha comprado un colchón, valorado en 1240 €. Abonó una cantidad de entrada y el resto lo pagará en plazos mensuales de 45 €, durante 18 meses. ¿Cuánto pagó de entrada?

Para saber cuánto pagará a plazos, tenemos que _multiplicar_ la cantidad que pagará cada mes por el número de meses:

_45 · 18 = 810_

Finalmente, para calcular cuánto pagó de entrada, hay que _restar_ el precio del colchón y la cantidad que pagará a plazos:

_1240 – 810 = 430_

Solución: Tania pagó _430_ € de entrada.

➤ El ayuntamiento de un pueblo ha gastado 14 040 € en baldosas rectangulares, de 80 cm de largo y 60 cm de ancho, para enlosar el suelo de una plaza. Si cada baldosa costó 9 €, ¿cuántos metros cuadrados tiene la plaza?

Para saber cuántas baldosas se compraron, tenemos que _dividir_ el gasto total por el precio de cada baldosa:

$$\frac{14\ 040}{9} = 1560$$

Por otro lado, para calcular la superficie de cada baldosa, debemos _multiplicar_ sus dimensiones:

80 · 60 = 4800 cm²

Ahora bien, como la pregunta se refiere a _metros cuadrados_, convertimos la cantidad anterior:

_4800_ cm² = _0,48 m²_

Finalmente, para obtener los metros cuadrados que tiene la plaza, hay que _multiplicar_ el número de baldosas por la superficie de cada una:

_1560 · 0,48 = 748,8 m²_

Solución: la plaza tiene _748,8_ m².

➤ Beatriz tenía 250 € menos que Benito y, entre los dos, tenían 2930 €. Les tocó 1000 € en la lotería y los repartieron de manera que Beatriz recibió 600 €. ¿Cuánto dinero tiene ahora cada uno?

Llamamos _x_ a la cantidad de dinero que tenía Benito, antes de que les tocara la lotería.

Como Beatriz tenía 250 € menos, el dinero que tenía Beatriz se representa por _x – 250_.

Entre los dos, tenían _2930_ €, así que, sumando las expresiones anteriores, debe resultar esta cantidad, por lo que podemos plantear la siguiente ecuación:

_x + (x − 250) = 2930_

Resolviendo la ecuación (nos saltamos los pasos necesarios), resulta: $x = 1590$

Por tanto, antes de que les tocara la lotería, Benito tenía _1590_ €, y Beatriz, _1340_ €, que es el resultado de restar 250 a 1590.

Como Beatriz recibió _600_ € del premio, para saber la cantidad de dinero que tiene ahora, hay que _sumar_, resultando:

_1340 + 600 = 1940_

Para calcular la cantidad que recibió Benito del premio, hay que restar:

_1000 − 600 = 400_

Por tanto, Benito tiene ahora _1990_ €, que es el resultado de sumar _1590_ y _400_.

Solución: Benito tiene ahora _1990_ €, y Beatriz, _1940_ €.

➢ Un libro tiene 240 páginas de tamaño A4 (21 cm × 29,7 cm). Si se arrancaran todas las hojas del libro y se colocaran unas junto a otras, sin superponerlas, ¿qué superficie, en metros cuadrados, se cubriría con ellas?

Calculamos, en primer lugar, la superficie que ocupa una hoja:

_21 · 29,7 = 623,7_ cm^2

Como las páginas de los libros están escritas por las dos caras, para saber cuántas hojas tiene, hay que _dividir por 2_ el número de páginas del libro:

_240 / 2 = 120_

Así pues, para calcular la superficie ocupada por todas las hojas, tenemos que _multiplicar_ los dos números anteriores:

_623,7 · 120 = 74 844_ cm^2

Por último, expresamos el resultado obtenido en metros cuadrados, teniendo en cuenta que, al ser unidades _cuadradas_, hay que desplazar la coma de dos en dos posiciones:

_74 844_ cm^2 = _7,4844_ m^2

Solución: con todas las hojas del libro, se cubriría una superficie de _7,4844_ m^2.

➤ La manecilla grande de un reloj tiene una longitud de 1,2 cm. ¿Qué distancia recorre la punta de esta manecilla cuando la pequeña da una vuelta completa? Expresa el resultado en metros, y usa 3,14 como aproximación del número π.

En primer lugar, observamos que, al girar la manecilla grande, la punta describe una _circunferencia_, cuyo _radio_ coincide con la longitud de la manecilla: 1,2 cm. Por tanto, la distancia que recorre la punta de la manecilla grande, en cada vuelta de esta manecilla, es:

_L = 2πr = 2 · 3,14 · 1,2 = 7,536_ cm

Así pues, para calcular la distancia total que recorre la punta de la manecilla grande cuando la pequeña da _una vuelta completa,_ es necesario saber cuántas vueltas da la manecilla grande, y _multiplicar_ este número por _7,536_ cm.

Ahora, como la manecilla pequeña tarda _12 horas_ en dar una vuelta completa, mientras que la grande tarda _un minuto_, para saber cuántas vueltas da la manecilla grande en este tiempo, tenemos que _multiplicar_ 12 por 60, resultando:

_12 · 60 = 720_

De este modo, la distancia que recorre la punta de la manecilla grande cuando la pequeña da una vuelta completa es:

_720 · 7,536 = 5425,92_ cm

Por último, pasamos esta distancia a metros y redondeamos a dos cifras decimales:

_5425,92_ cm = _54,26_ m

Solución: cuando la manecilla pequeña da una vuelta completa, la punta de la grande recorre una distancia de _54,26_ m.

➤ La superficie de un rombo es de 30 cm², y una de sus diagonales mide 6 cm. ¿Cuánto mide la otra diagonal?

Como estamos hablando del área de un rombo, la fórmula que debemos emplear es:

$$A = \frac{D \cdot d}{2}$$

Si sustituimos los datos del enunciado en esta fórmula, nos queda:

$$30 = \frac{D \cdot 6}{2}$$

Simplificando la fracción del segundo miembro, resulta:

$30 = 3D$

Finalmente, trasponemos el número que está delante de la incógnita, «pasándolo dividiendo» al otro miembro, y efectuamos la división:

$D = 30/3 = 10$

Solución: la otra diagonal del rombo mide _10 cm_.

22. Selecciona los pasos que correspondan al procedimiento correcto para resolver los siguientes problemas.

   ➢ En un grupo de 1.º de ESO, hay 14 chicas y 12 chicos. En total, hay seis chicas que usan gafas. ¿Qué porcentaje de chicas usan gafas?

   ☐ Como hay 14 chicas y 12 chicos, el grupo lo forman 26 personas, pues 14 + 12 = 26. Entonces, para determinar el porcentaje de chicas que usan gafas, planteamos esta regla de tres simple y directa:

   $$\begin{cases} 26 \text{ personas} \longrightarrow 6 \text{ chicas que usan gafas} \\ 100 \text{ personas} \longrightarrow x \text{ chicas que usan gafas} \end{cases}$$

   ☒ Como hay 14 chicas y, de ellas, seis llevan gafas, para calcular el porcentaje de chicas que usan gafas, planteamos la siguiente regla de tres simple y directa:

   $$\begin{cases} 14 \text{ personas} \longrightarrow 6 \text{ chicas que usan gafas} \\ 100 \text{ personas} \longrightarrow x \text{ chicas que usan gafas} \end{cases}$$

   ☐ Entonces, se debe cumplir la igualdad:

   $$\frac{x}{100} = \frac{14}{6}$$

☒ Entonces, se debe cumplir la igualdad:

$$\frac{x}{100} = \frac{6}{14}$$

☐ Entonces, se debe cumplir la igualdad:

$$\frac{x}{100} = \frac{6}{26}$$

☐ Despejando, operando y redondeando a dos cifras decimales, llegamos al resultado pedido:

$$x = \frac{6 \cdot 100}{26} = \frac{600}{26} = 23,08\,\%$$

☐ Despejando, operando y redondeando a dos cifras decimales, llegamos a la solución del problema:

$$x = \frac{14 \cdot 100}{6} = \frac{1400}{6} = 233,33\,\%$$

☒ Despejando, operando y redondeando a dos cifras decimales, llegamos al resultado pedido:

$$x = \frac{6 \cdot 100}{14} = \frac{600}{14} = 42,86\,\%$$

☒ El porcentaje de chicas que usan gafas es del 42,86 %.

☐ El porcentaje de chicas que usan gafas es del 23,08 %.

☐ El porcentaje de chicas que usan gafas es del 233,33 %.

➤ En una frutería, los caquis se venden a 1,60 €/kg, y las peras, a 1,40 €/kg. Si compramos 0,75 kg de caquis y 2 kg de peras, ¿cuánto nos costará?

☐ Para calcular el dinero gastado en caquis, dividimos:

$$\frac{1,60}{0,75} = 2,13$$

☒ Para calcular el dinero gastado en caquis, multiplicamos:
$$1,60 \cdot 0,75 = 1,20$$

☐ Para calcular el dinero gastado en caquis, multiplicamos:
$$0,75 \cdot 1,40 = 1,05$$

☐ Para calcular el dinero gastado en peras, dividimos:
$$\frac{1,40}{2} = 0,70$$

☒ Para calcular el dinero gastado en peras, multiplicamos:
$$2 \cdot 1,40 = 2,80$$

☐ Para calcular el dinero gastado en peras, multiplicamos:
$$1,60 \cdot 2 = 3,20$$

☐ Para conocer el gasto total, sumamos: $2,13 + 0,70 = 2,83$

☐ Para conocer el gasto total, sumamos: $2,13 + 3,20 = 5,33$

☐ Para conocer el gasto total, sumamos: $1,20 + 0,70 = 1,90$

☐ Para conocer el gasto total, sumamos: $1,20 + 3,20 = 4,40$

☐ Para conocer el gasto total, sumamos: $1,05 + 2,80 = 3,85$

☒ Para conocer el gasto total, sumamos: $1,20 + 2,80 = 4$

☐ Para conocer el gasto total, sumamos: $1,05 + 0,70 = 1,75$

☐ Para conocer el gasto total, sumamos: $1,05 + 3,20 = 4,25$

☐ Para conocer el gasto total, sumamos: $2,13 + 2,80 = 4,93$

➤ Guillermo compró una *pizza* y se comió tres décimas partes. Al día siguiente, se comió cuatro quintas partes del resto. ¿Qué fracción de la *pizza* le queda todavía?

☒ Para calcular la fracción de *pizza* que había el segundo día, restamos:

$$1 - \frac{3}{10} = \frac{10}{10} - \frac{3}{10} = \frac{7}{10}$$

☐ Según el enunciado, la fracción de *pizza* que había el segundo día es: $\frac{3}{10}$

☐ Según el enunciado, la fracción de *pizza* que había el segundo día es: $\frac{4}{5}$

☐ La fracción de *pizza* que se comió el segundo día es:

$$\frac{4}{5} \text{ de } \frac{3}{10} = \frac{4}{5} \cdot \frac{3}{10} = \frac{6}{25}$$

☒ La fracción de *pizza* que se comió el segundo día es:

$$\frac{4}{5} \text{ de } \frac{7}{10} = \frac{4}{5} \cdot \frac{7}{10} = \frac{14}{25}$$

☐ La fracción de *pizza* que se comió el segundo día es:

$$\frac{4}{5} \text{ de } \frac{4}{5} = \frac{4}{5} \cdot \frac{4}{5} = \frac{16}{25}$$

☐ La fracción de *pizza* que se comió el segundo día, según el enunciado, es: $\frac{4}{5}$

☐ Para calcular la fracción de *pizza* que se comió entre los dos días, sumamos:

$$\frac{3}{10} + \frac{6}{25} = \frac{15}{50} + \frac{12}{50} = \frac{27}{50}$$

☐ Para calcular la fracción de *pizza* que se comió entre los dos días, sumamos:

$$\frac{3}{10} + \frac{16}{25} = \frac{15}{50} + \frac{32}{50} = \frac{47}{50}$$

☒ Para calcular la fracción de *pizza* que se comió entre los dos días, sumamos:

$$\frac{3}{10} + \frac{14}{25} = \frac{15}{50} + \frac{28}{50} = \frac{43}{50}$$

☐ Para calcular la fracción de *pizza* que se comió entre los dos días, sumamos:

$$\frac{3}{10} + \frac{4}{5} = \frac{3}{10} + \frac{8}{10} = \frac{11}{10}$$

☐ Para calcular la fracción de *pizza* que se comió entre los dos días, sumamos:

$$\frac{4}{5} + \frac{6}{25} = \frac{20}{25} + \frac{6}{25} = \frac{26}{25}$$

☐ Para calcular la fracción de *pizza* que se comió entre los dos días, sumamos:

$$\frac{4}{5} + \frac{4}{5} = \frac{8}{5}$$

☐ Para hallar la fracción de *pizza* que le queda todavía, restamos:

$$1 - \frac{47}{50} = \frac{50}{50} - \frac{47}{50} = \frac{3}{50}$$

☒ Para hallar la fracción de *pizza* que le queda todavía, restamos:

$$1 - \frac{43}{50} = \frac{50}{50} - \frac{43}{50} = \frac{7}{50}$$

☐ Para hallar la fracción de *pizza* que le queda todavía, restamos:

$$1 - \frac{27}{50} = \frac{50}{50} - \frac{27}{50} = \frac{23}{50}$$

☐ Para hallar la fracción de *pizza* que le queda todavía, restamos:

$$\frac{8}{5} - \frac{3}{10} = \frac{16}{10} - \frac{3}{10} = \frac{13}{10}$$

☐ Para hallar la fracción de *pizza* que le queda todavía, restamos:

$$\frac{11}{10} - \frac{4}{5} = \frac{11}{10} - \frac{8}{10} = \frac{3}{10}$$

☐ Para hallar la fracción de *pizza* que le queda todavía, restamos:

$$\frac{26}{25} - \frac{3}{10} = \frac{52}{50} - \frac{15}{50} = \frac{37}{50}$$

➢ Las notas de Matemáticas del primer trimestre de un grupo de 1.º de ESO, escritas por orden de lista, fueron las siguientes:

7, 7, 5, 4, 8, 6, 6, 8, 3, 7, 9, 10, 7, 5, 2, 5, 3, 7, 9, 6, 6, 4, 8, 5, 6, 4, 4, 7, 1, 4, 10, 5

a) Construye una tabla de frecuencias absolutas y relativas.
b) Calcula la nota media de Matemáticas del grupo en el primer trimestre.
c) ¿Cuál es la moda?
d) ¿Y la mediana?

☐ Respuesta correcta al apartado *a)*:

Nota	Frecuencia absoluta	Frecuencia relativa
1	1	1 / 32 = 0,03125
2	1	1 / 32 = 0,03125
3	2	2 / 32 = 0,0625
10	2	2 / 32 = 0,0625
8	3	3 / 32 = 0,09375
9	2	2 / 32 = 0,0625
4	5	5 / 32 = 0,15625
5	5	5 / 32 = 0,15625
6	5	5 / 32 = 0,15625
7	6	6 / 32 = 0,1875
TOTAL	32	32 / 32 = 1

☒ Respuesta correcta al apartado *a)*:

Nota	Frecuencia absoluta	Frecuencia relativa
1	1	1 / 32 = 0,03125
2	1	1 / 32 = 0,03125
3	2	2 / 32 = 0,0625
4	5	5 / 32 = 0,15625
5	5	5 / 32 = 0,15625
6	5	5 / 32 = 0,15625
7	6	6 / 32 = 0,1875
8	3	3 / 32 = 0,09375
9	2	2 / 32 = 0,0625
10	2	2 / 32 = 0,0625
TOTAL	32	32 / 32 = 1

☒ Respuesta correcta al apartado *b)*:

$$\frac{1 \cdot 1 + 2 \cdot 1 + 3 \cdot 2 + 4 \cdot 5 + 5 \cdot 5 + 6 \cdot 5 + 7 \cdot 6 + 8 \cdot 3 + 9 \cdot 2 + 10 \cdot 2}{32} = 5,875$$

☐ Respuesta correcta al apartado *b)*:

$$\frac{1 + 2 + 3 + 4 + 5 + 6 + 7 + 8 + 9 + 10}{10} = 5,5$$

☒ Respuesta correcta al apartado *c)*:

La moda es 7, porque es la nota que más estudiantes han obtenido (el valor con mayor frecuencia absoluta).

☐ Respuesta correcta al apartado *c)*:

La moda es 4, 5 y 6, porque son las notas cuya frecuencia absoluta más se repite (la frecuencia absoluta 5 aparece tres veces). Tengamos en cuenta que la moda no tiene por qué ser única.

☒ Respuesta correcta al apartado *d)*:

Para calcular la mediana, en primer lugar, se ordenan los datos de menor a mayor:

1, 2, 3, 3, 4, 4, 4, 4, 4, 5, 5, 5, 5, 5, 6, 6, 6, 6, 6,
7, 7, 7, 7, 7, 7, 8, 8, 8, 9, 9, 10, 10

Como hay un número par de datos (hay datos de 32 estudiantes), se eligen los dos centrales (6 y 6) y se calcula su media, que es 6.

☐ Respuesta correcta al apartado *d)*:

Para calcular la mediana, en primer lugar, se ordenan los datos, sin repetir, de menor a mayor:

1, 2, 3, 4, 5, 6, 7, 8, 9, 10

Como hay un número par de datos (hay 10 datos de los estudiantes), se eligen los dos centrales (5 y 6) y se calcula su media, que es 5,5.

➤ Se ha construido una «ventana normanda», a partir de un rectángulo de dimensiones de 2,75 m × 1,25 m, colocando un semicírculo encima del rectángulo, haciendo que el diámetro del semicírculo coincida con el lado más pequeño del rectángulo. ¿Cuál es la superficie de esta ventana normanda?

☒ Según la descripción del enunciado, la ventana normanda es así:

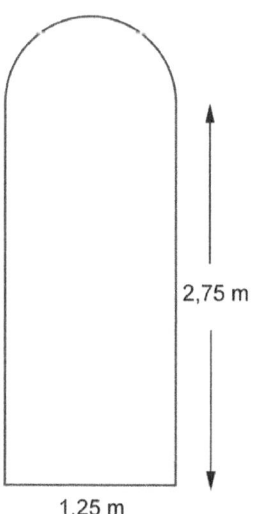

2,75 m

1,25 m

☐ Según la descripción del enunciado, la ventana normanda es así:

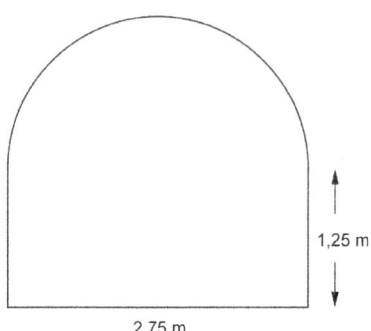

1,25 m

2,75 m

Para hallar la superficie de la ventana, vamos a calcular por separado la superficie del rectángulo y la del semicírculo, para posteriormente sumar los resultados:

☐ La superficie del rectángulo es: $A_R = 1,25 \cdot 2,75 = 3,44$ m

☒ La superficie del rectángulo es: $A_R = 1,25 \cdot 2,75 = 3,44$ m^2

Por su parte, para determinar la superficie del semicírculo, consideramos su radio:

☐ El radio mide 2,75 m.

☐ El radio mide 1,25 m.

☒ El radio mide: 1,25 / 2 = 0,625 m

☐ El radio mide: 2,75 / 2 = 1,375 m

Así pues, la superficie del semicírculo es:

☐ $A_S = \dfrac{\pi \cdot r^2}{2} = \dfrac{3,14 \cdot (1,375)^2}{2} = 2,97 \, \text{m}^2$

☒ $A_S = \dfrac{\pi \cdot r^2}{2} = \dfrac{3,14 \cdot (0,625)^2}{2} = 0,61 \, \text{m}^2$

☐ $A_S = \dfrac{\pi \cdot r^2}{2} = \dfrac{3,14 \cdot (2,75)^2}{2} = 11,87 \, \text{m}^2$

☐ $A_S = \dfrac{\pi \cdot r^2}{2} = \dfrac{3,14 \cdot (1,25)^2}{2} = 2,45 \, \text{m}^2$

Por tanto, la superficie de la ventana normanda es:

☐ $A_V = 3,44 + 2,45 = 5,89 \ m^2$

☐ $A_V = 3,44 + 2,97 = 6,41 \ m^2$

☐ $A_V = 3,44 + 11,87 = 15,31 \ m^2$

☒ $A_V = 3,44 + 0,61 = 4,05 \ m^2$

23. A continuación, se muestran varios enunciados con sus correspondientes resoluciones, pero los pasos seguidos están desordenados. Numera los pasos dados para resolver cada problema, de modo que queden correctamente ordenados.

➤ Se quiere vallar una parcela rectangular de 206,8 m de ancho. El largo de la parcela es 2,6 veces el ancho, y cada metro lineal de valla cuesta 9,35 €. ¿Cuánto costará vallar la parcela?

3 Para determinar el precio total de la valla, multiplicamos: 1488,96 · 9,35 = 13 921,776

5 Vallar la parcela costará 13 921,78 €.

1 Para calcular el largo de la parcela, multiplicamos: 206,8 · 2,6 = 537,68

4 Como se trata de euros, redondeamos el resultado a dos cifras decimales: 13 921,78

2 Sumando todos los lados, obtenemos el perímetro de la parcela: 206,8 + 206,8 + 537,68 + 537,68 = 1488,96 m

➤ Carmen compró una caja de 30 bombones. El lunes se comió la quinta parte de los bombones, y el martes, la sexta parte de los que le quedaban. ¿Cuántos bombones se comió cada día? ¿Cuántos bombones le quedan todavía?

4 Restando, resulta: 24 – 4 = 20

3 Por tanto, para saber cuántos bombones se comió el martes, realizamos el siguiente cálculo:

$$\frac{1}{6} \text{ de } 24 = \frac{1}{6} \cdot 24 = \frac{1 \cdot 24}{6} = 4$$

⬜1 Para saber cuántos bombones se comió el lunes, calculamos:

$$\frac{1}{5} \text{ de } 30 = \frac{1}{5} \cdot 30 = \frac{1 \cdot 30}{5} = 6$$

⬜2 Ahora, restamos: 30 – 6 = 24

⬜5 Carmen se comió seis bombones el lunes y cuatro el martes. Todavía le quedan 20 bombones.

➤ Una agencia vende dos solares a una empresa constructora. En uno de los solares, que tiene una superficie de 360 m², construirá un local comercial; en el otro, construirá un edificio de siete plantas. El precio de cada metro cuadrado de solar es de 515 €, y el precio total de los dos solares es de 303 850 €. ¿Cuántos metros cuadrados construidos tendrá el edificio?

⬜2 Como un solar tiene 360 m², para calcular la superficie del otro, restamos: 590 – 360 = 230

⬜3 Para hallar los metros cuadrados construidos, multiplicamos: 230 · 7 = 1610

⬜4 El edificio tendrá 1610 m² construidos.

⬜1 Para calcular la cantidad total de metros cuadrados de solar, dividimos el precio total entre el precio de cada metro cuadrado:
$$\frac{303\,850}{515} = 590$$

➤ La casa de Leonardo está al doble de distancia del instituto que la casa de Toñi, la cual se encuentra a 240 m del instituto. ¿Cuántos kilómetros recorre Leonardo al cabo de una semana para ir al instituto y volver?

⬜5 Para ir al instituto y volver, Leonardo recorre 4,8 km cada semana.

⬜3 Como una semana tiene cinco días lectivos (¡no son siete días!), para hallar la distancia que recorre al cabo de una semana, multiplicamos: 960 · 5 = 4800 m

⬜2 Entonces, para ir y volver cada día, Leonardo tiene que recorrer 960 m, porque: 480 · 2 = 960

⬜4 Ahora, expresamos el resultado obtenido en kilómetros: 4800 m = 4,8 km

⬜1 Para calcular la distancia entre la casa de Leonardo y el instituto, multiplicamos: 240 · 2 = 480 m

➤ Una alberca tiene 1920 m³ de agua. Si, para regar un campo, cada día son necesarios 8 L de agua por cada metro cuadrado, ¿durante cuánto tiempo podrá regarse un campo de 2 ha con el agua que hay en la alberca?

3 Para que sean las mismas unidades, pasamos el resultado anterior a metros cúbicos: 160 000 L = 160 m³ (Recordemos que 1 m³ = 1000 L)

5 Con el agua de la alberca, se podrá regar el campo durante 12 días.

2 Para calcular la cantidad total de agua que se necesita cada día, multiplicamos: 8 · 20 000 = 160 000

1 Pasamos las dos hectáreas a metros cuadrados:

$$2 \text{ ha} = 2 \text{ hm}^2 = 20\ 000 \text{ m}^2$$

4 Para calcular cuánto tiempo durará el agua que hay en la alberca, dividimos: $\dfrac{1920}{160} = 12$

➤ Vanesa se ha comprado un jersey por 37,99 €, una camiseta por 13,40 € y tres pares de calcetines, cada uno de los cuales costaba 2,75 €. Si pagó con un billete de 100 €, ¿cuánto dinero le devolvieron?

2 El gasto total se obtiene sumando el resultado anterior y el precio de los demás artículos: 8,25 + 37,99 + 13,40 = 59,64

3 La devolución es el resultado de restar: 100 − 59,64 = 40,36

4 Le devolvieron 40,36 €.

1 Para calcular cuánto se gastó en calcetines, multiplicamos: 2,75 · 3 = 8,25

➤ Dentro de 12 años, Anselmo tendrá el triple de la edad que tenía hace cuatro años. ¿Qué edad tiene Anselmo actualmente?

5 Por último, agrupamos términos y «pasamos dividiendo» el coeficiente de x:

$2x = 24$
$x = 24 / 2$
$x = 12$

1 Denotamos por x la edad actual de Anselmo. Entonces, la edad que tendrá dentro de 12 años se representa por $x + 12$, mientras que la edad que tenía hace cuatro años se expresa por $x − 4$.

3 Para resolver esta ecuación, en primer lugar, «quitamos» los paréntesis, multiplicando todo lo que hay dentro de ellos por 3, resultando: $x + 12 = 3x - 12$

2 Según el enunciado, la edad que tendrá dentro de 12 años es igual al triple de la que tenía hace cuatro, por lo que, usando la notación anterior, se debe cumplir la ecuación: $x + 12 = 3(x - 4)$

6 Anselmo tiene actualmente 12 años.

4 A continuación, trasponemos términos, dejando las «x» en un miembro y los números en el otro: $12 + 12 = 3x - x$

➤ El Museu Blau, también llamado Edificio Fórum, fue construido en Barcelona para el Fórum Internacional de las Culturas, celebrado en 2004. Se trata de un edificio cuya planta es un triángulo equilátero de 180 m de lado. ¿Qué superficie ocupa este edificio?

8 El edificio ocupa una superficie de 14 029,2 m².

2 Sin embargo, solo conocemos uno de los datos de la fórmula, la base, por lo que debemos hallar la altura.

7 Sustituyendo el dato calculado en la fórmula de la superficie, resulta:
$$A = \frac{180 \cdot 155{,}88}{2} = 14\,029{,}2$$

4 Como vemos, la altura divide al triángulo equilátero en dos triángulos rectángulos iguales, de manera que la hipotenusa mide 180 m, un cateto mide una cantidad desconocida h y el otro cateto mide 90 m, porque es la mitad del lado del triángulo equilátero.

6 Ahora bien, como h representa una longitud, y las longitudes deben ser positivas, descartamos la solución negativa, resultando: $h = 155{,}88$ m

3 Para ello, dibujamos un triángulo equilátero, trazamos la altura y escribimos los datos conocidos:

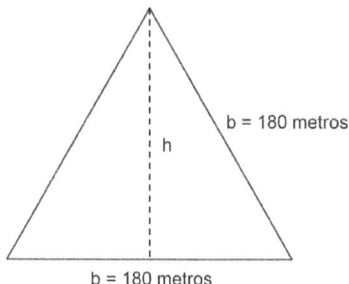

1 Como la planta del edificio tiene forma de triángulo equilátero, para calcular la superficie que ocupa, debemos usar la fórmula:

$$A = \frac{b \cdot h}{2}$$

5 Aplicando el teorema de Pitágoras, tenemos:

$h^2 + 90^2 = 180^2$

$h^2 + 8100 = 32\,400$

$h^2 = 32\,400 - 8100$

$h^2 = 24\,300$

$h = \pm\sqrt{24\,300}$

$h = \pm 155,88$

24. Relaciona cada ecuación con un enunciado, si es posible, escribiendo el número correspondiente en cada recuadro en blanco.

1 $x + 14 = 2x$

2 $x - 14 = x/2$

3 $x + 14 = 2(x - 2)$

2 Hace 14 años, tenía la mitad de la edad que tengo ahora.

3 Dentro de 14 años, tendré el doble de la edad que tenía hace dos años.

1 Dentro de 14 años, tendré el doble de la edad que tengo ahora.

25. Un pelotazo ha roto el cristal de una ventana, y ha quedado como se ve en el dibujo. Señala cuál es el trozo de cristal que encaja en el hueco. Ten en cuenta solo la forma, no el tamaño.

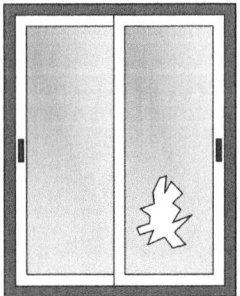

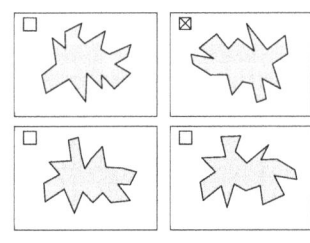

26. Identifica las dos figuras que tienen el mismo perímetro. Explica por qué es así.

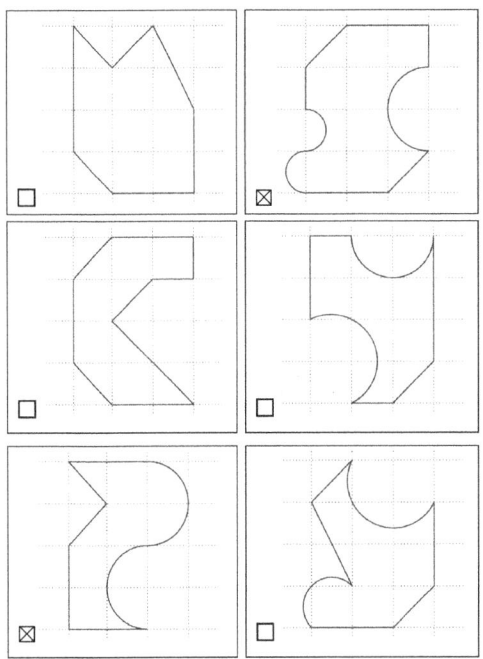

Justificación: *observando los tramos rectos, vemos que las dos figuras tienen seis segmentos cuya longitud coincide con el lado del cuadrito de la cuadrícula y dos segmentos oblicuos de longitud igual a la diagonal del cuadrito de la cuadrícula. En cuanto a los tramos curvos, las dos figuras tienen una semicircunferencia de dos cuadritos de diámetro, y solo se diferencian en que una de ellas tiene otra semicircunferencia de dos cuadritos de diámetro, mientras que la otra tiene dos de un cuadrito de diámetro. Sin embargo, como la longitud de una circunferencia de radio r es igual que la longitud de media circunferencia de radio 2r, ambas longitudes son iguales.*

PARA RESOLVER EL PROBLEMA PASO A PASO Y COMPROBAR LA SOLUCIÓN

27. Lee el enunciado del siguiente problema y responde a las preguntas planteadas a continuación. Justifica las respuestas.

    Un tren viajó desde Alicante a Barcelona. Al llegar a la estación de Valencia, subieron 32 personas y bajaron 45; en la estación de Castellón, subieron 12 y bajaron 16; en la estación de Tarragona, subieron 27 y bajaron 8; finalmente, al llegar a Barcelona, bajaron todos los pasajeros.

    a) ¿Se podría calcular el número de personas que bajaron del tren en la estación de Barcelona? ¿Por qué?

    Justificación: *no sería posible, porque sería necesario conocer el número de personas que inicialmente había en el tren, al salir de Alicante, y también cuántas personas subieron y bajaron en otras posibles estaciones intermedias.*

    b) Se sabe que, en Alicante, subieron 180 personas. ¿Se podría calcular ahora cuántas personas bajaron del tren en Barcelona? ¿Por qué?

    Justificación: *no sería posible, porque no se sabe si el tren efectuó otras paradas distintas de las indicadas en el enunciado, por lo que podrían haber subido o bajado otras personas.*

    c) En la siguiente tabla, se muestra el itinerario recorrido por este tren, donde figuran las estaciones en las que hizo parada y las horas de llegada y salida de cada una de ellas. Conociendo los datos de esta tabla, ¿se podría determinar cuántas personas bajaron del tren en Barcelona? En caso afirmativo, realiza los cálculos adecuados; en caso negativo, explica por qué.

ESTACIÓN	LLEGADA	SALIDA
Alicante/Alacant		09:25
Valencia/València Joaquín Sorolla	10:55	11:05
Castellón de la Plana/Castelló de la Plana	11:42	11:44
Tarragona	13:07	13:09
Barcelona Sants	14:09	

    Justificación: *ahora sí sería posible, porque se sabe cuántas personas subieron en la primera estación (Alicante) y cuántas fueron subiendo y bajando en cada una de las restantes estaciones.*

Resolución:

Hay que sumar la cantidad de personas que subieron en cada estación y restar el número de personas que bajaron. Así, las operaciones con números enteros que hay que realizar son:

$$180 + 32 - 45 + 12 - 16 + 27 - 8$$

El resultado se obtiene agrupando los números positivos, por una parte; los negativos, por otra; y, finalmente, restando los dos números que quedan:

$$180 + 32 - 45 + 12 - 16 + 27 - 8 = 251 - 69 = 182$$

Así pues, en la estación de Barcelona bajaron 182 personas.

d) ¿Sería posible que se hubiera obtenido un resultado negativo? ¿Y un número decimal?

No es posible obtener un número negativo, ya que el número de personas tiene que ser positivo (o cero). Tampoco podría resultar un número decimal, pues la cantidad de personas que bajan de un tren debe ser un número natural, sin decimales.

e) ¿Se podría calcular la duración total del trayecto desde Alicante hasta Barcelona? En caso afirmativo, realiza las operaciones adecuadas; en caso negativo, explica por qué.

Justificación y resolución:

Sí que es posible calcular la duración total del trayecto, pues están todos los datos necesarios. Para ello, hay que restar la hora de salida de Alicante de la hora de llegada a Barcelona: 14:09 – 9:25 = 4:44

Así pues, la duración total del trayecto fue de cuatro horas y 44 minutos.

f) El precio del viaje en este tren, de Alicante a Barcelona, era de 57,60 € en clase turista, y de 94,70 € en clase preferente. ¿Se podría calcular la cantidad total de dinero que gastaron las personas que subieron en Alicante y bajaron en Barcelona para comprar sus billetes? En caso afirmativo, realiza las operaciones adecuadas; en caso negativo, explica por qué.

Justificación: *no sería posible, por dos razones:*

— No se sabe cuántas personas iban en clase turista y cuántas en clase preferente.

— No se puede calcular el número de personas que subieron en Alicante y bajaron en Barcelona, porque no se sabe en qué estación subieron las personas que se bajaron en las estaciones de Castellón y de Tarragona (podría ser que algunas de las personas que subieron en Alicante se bajaran en Castellón o en Tarragona, que algunas de las personas que subieron en Valencia se bajaran en Castellón, que algunas de las personas que subieron en Castellón se bajaran en Tarragona...).

g) Se sabe que el 70 % de las personas que subieron en Alicante hicieron el trayecto completo, desde Alicante hasta Barcelona. ¿Se podría calcular cuántas personas realizaron este trayecto? En caso afirmativo, realiza las operaciones adecuadas; en caso negativo, explica por qué.

Sí que es posible calcularlo, pues se tienen todos los datos necesarios. Se trata de calcular el 70 % de 180, que son las personas que subieron en Alicante:

$$70 \text{ \% } de\, 180 = \frac{70 \cdot 180}{100} = 7 \cdot 18 = 126$$

Así pues, 126 personas hicieron el trayecto completo, de Alicante a Barcelona.

h) De las personas que realizaron el trayecto completo, de Alicante a Barcelona, 18 lo hicieron en clase preferente. ¿Es posible calcular ahora la cantidad total de dinero que gastaron en sus billetes las personas que realizaron el trayecto completo? En caso afirmativo, realiza las operaciones adecuadas; en caso negativo, explica por qué.

Justificación y resolución:

Ahora sí que es posible, porque se conoce el número de personas que hicieron el viaje en clase preferente, y podemos calcular la cantidad de personas que lo hicieron en clase turista, restando: 126 − 18 = 108

Para hallar los gastos totales, multiplicamos el precio de cada tipo de billete por el número de personas que viajaron en la clase correspondiente, y sumamos las cantidades obtenidas:

$$108 \cdot 57,60 + 18 \cdot 94,70 = 6220,80 + 1704,60 = 7925,40$$

Así pues, la cantidad total gastada en sus billetes por las personas que hicieron el trayecto completo fue de 7925,40 €.

28. Resuelve el siguiente problema siguiendo los pasos indicados.

A las siete de la mañana, comienzan su recorrido diario los autobuses A y B, partiendo de la misma parada. El recorrido del autobús A es más largo que el del B: mientras que el A pasa cada 18 minutos, el B lo hace cada 14. ¿A qué hora volverán a coincidir los dos autobuses en la parada por primera vez? ¿Cada cuánto tiempo coincidirán los dos autobuses en la parada?

1. Escribe las primeras 10 horas de paso por la parada de cada autobús.

El autobús A pasa a las: 7:00, 7:18, 7:36, 7:54, 8:12, 8:30, 8:48, 9:06, 9:24 y 9:42.

El autobús B pasa a las: 7:00, 7:14, 7:28, 7:42, 7:56, 8:10, 8:24, 8:38, 8:52 y 9:06.

2. Indica la hora que se repite en las dos listas.

Se repite las 9:06 h.

3. Calcula el tiempo transcurrido desde que los dos autobuses inician su recorrido diario hasta que vuelven a coincidir en la parada por primera vez.

9:06 – 7:00 = 2:06, es decir, dos horas y seis minutos.

4. Solución.

Los autobuses volverán a coincidir en la parada por primera vez a las 9:06 h. Coincidirán en la parada cada dos horas y seis minutos.

5. Ahora que has resuelto el problema siguiendo los pasos indicados, ¿se te ocurre alguna otra forma de calcular el tiempo que debe pasar hasta que los dos autobuses coincidan de nuevo en la parada? ¿Qué concepto debes utilizar? Resuelve el problema utilizando este concepto.

El problema se puede resolver utilizando el mínimo común múltiplo de 18 y 14.

Para ello, en primer lugar, se hace la descomposición en factores primos de estos dos números, resultando:

$18 = 2 \cdot 3^2$

$14 = 2 \cdot 7$

A continuación, se toman los factores comunes con mayor exponente y los no comunes:

$mcm (18, 14) = 2 \cdot 3^2 \cdot 7 = 126$

Así pues, los autobuses coincidirán en la parada cada 126 minutos, es decir, cada dos horas y seis minutos, ya que dos horas son 120 minutos.

Para determinar la hora a la que vuelven a coincidir en la parada por primera vez, basta con sumar dos horas y seis minutos a la hora de salida, resultando 7:00 + 2:06 = 9:06, lo que significa que vuelven a coincidir por primera vez en la parada a las 9:06 h.

29. Resuelve el siguiente problema siguiendo los pasos indicados.

Una habitación rectangular mide 4 m y 55 cm de largo, y 3 m y 15 cm de ancho. Se quiere enlosar con baldosas cuadradas, del mayor tamaño posible, de manera que no haya que recortar ninguna baldosa. ¿Cuánto debe medir cada baldosa?

1. Dibuja un esquema de la habitación, expresando sus dimensiones en centímetros.

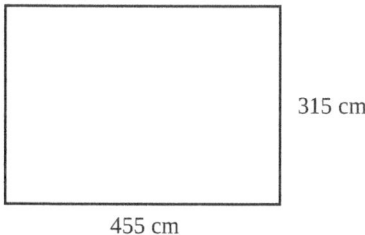

315 cm

455 cm

2. Para que no haya que recortar ninguna baldosa, ¿qué relación debe haber entre la medida del lado de las baldosas y la medida del largo de la habitación, expresada en centímetros?

Es necesario que quepa una cantidad exacta de baldosas en los 455 cm que mide el largo de la habitación. Por ello, el lado de las baldosas debe ser un divisor de 455.

3. Teniendo en cuenta esta relación con el largo de la habitación, haz la lista de las medidas que, en principio, podría tener el lado de las baldosas.

Los divisores de 455, que son: 1, 5, 7, 13, 35, 65, 91 y 455.

4. De la misma manera, para que no haya que recortar ninguna baldosa, ¿qué relación debe haber entre la medida del lado de las baldosas y el ancho de la habitación, expresado en centímetros?

El lado de las baldosas debe ser un divisor de 315, que es el ancho de la habitación, expresado en centímetros.

5. Teniendo en cuenta esta relación con el ancho de la habitación, haz la lista de las medidas que, en principio, podría tener el lado de las baldosas.

Los divisores de 315, que son: 1, 3, 5, 7, 9, 15, 21, 35, 45, 63, 105 y 315.

6. Los números que se repiten en ambas listas se corresponden con las posibles medidas del lado de las baldosas. ¿Cuáles son estos números?

Los números 1, 5, 7 y 35.

7. Como se pretende que las baldosas tengan el mayor tamaño posible, hay que elegir el mayor de los anteriores números, que es: *35*

8. Solución.

Las baldosas deben ser de 35 cm × 35 cm.

9. Imagina que se hubiera obtenido un resultado negativo. ¿Sería posible?

No es posible, ya que la medida del lado de un cuadrado tiene que ser positiva.

10. Ahora que has resuelto el problema siguiendo los pasos indicados, ¿se te ocurre alguna otra forma de calcular la medida del lado de las baldosas? ¿Qué concepto debes utilizar? Resuelve el problema utilizando este concepto.

Para que no haya que recortar ninguna baldosa, estas deben caber exactamente, tanto en el largo como en el ancho de la habitación. Entonces, la medida del lado de las baldosas debe ser un divisor común de 455 y 315. Como, además, las baldosas tienen que ser del mayor tamaño posible, hay que hallar el mayor de los divisores comunes, es decir, el máximo común divisor.

Para ello, descomponemos estos dos números en factores primos:

$455 = 5 \cdot 7 \cdot 13$

$315 = 3^2 \cdot 5 \cdot 7$

A continuación, tomamos los factores comunes, con menor exponente:

mcd (455, 315) = 5 \cdot 7 = 35

Así pues, la medida del lado de las baldosas debe ser de 35 cm.

30. Resuelve estos problemas, paso a paso.

➢ En un salón de banquetes, se van a celebrar dos bodas: una por la mañana y otra por la tarde. Por la mañana, asistirán 216 invitados y, por la tarde, 276. El encargado del salón quiere colocar el menor número posible de mesas, utilizando por la tarde las mesas ya usadas por la mañana (y algunas más). Además, en ambas bodas, tiene que haber el mismo número de personas en cada mesa. ¿Cuántas personas deben sentarse en cada mesa para que se cumplan todos estos requisitos?

1. ¿Qué preguntan? ¿Qué datos son necesarios?

Preguntan el número de personas que tienen que sentarse en cada mesa, para que en todas las mesas haya la misma cantidad de personas, en las dos bodas. Además, tiene que haber la menor cantidad posible de mesas.

Hace falta conocer el número de personas de cada boda, para saber cómo hay que repartirlas en las mesas.

2. Decide si hay que calcular el máximo común divisor o el mínimo común múltiplo. Justifica la respuesta.

Hay que calcular el máximo común divisor de 216 y 276, porque se trata de repartir las personas que asistirán a cada boda en mesas del mayor tamaño posible, para que así haya el menor número posible de ellas.

3. Descompón los datos en factores primos.

216	2
108	2
54	2
27	3
9	3
3	3
1	

276	2
138	2
69	3
23	23
1	

De este modo:

$216 = 2^3 \cdot 3^3$

$276 = 2^2 \cdot 3 \cdot 23$

4. Elige los factores adecuados.

Como se trata del máximo común divisor, hay que elegir los factores repetidos, con el menor exponente:

mcd (216, 276) = $2^2 \cdot 3 = 4 \cdot 3 = 12$

5. Solución y comprobación.

Para que se cumplan todos los requisitos del enunciado, deben sentarse 12 personas en cada mesa.

La respuesta es correcta, porque los invitados de las dos bodas pueden sentarse «de 12 en 12», ya que 216 y 276 son divisibles por 12. Además, no es posible que se sienten más personas en cada mesa, porque no hay ningún número mayor de 12 que sea divisor de 216 y 276.

> Enrique quiere nivelar una mesa, apilando unos tacos de madera debajo de dos de sus patas, que están cortadas y dejan el mismo espacio hasta el suelo. Como tiene seis tacos azules y cinco verdes, no tiene suficientes tacos de un mismo color para las dos patas, por lo que ha decidido colocar los tacos verdes en una pata y los azules en otra. Sin embargo, los tacos tienen distinta altura: los azules miden 6 mm, y los verdes, 8 mm. ¿Qué altura tiene que alcanzar cada pila de tacos para nivelar la mesa? ¿Cuántos tacos de cada color tendrá que colocar Enrique? Ten en cuenta que es posible nivelar la mesa de este modo con los tacos que tiene Enrique.

1. ¿Qué preguntan? ¿Qué datos son necesarios?

Preguntan la altura que deben tener las dos pilas de tacos para que la mesa se nivele, y el número de tacos de cada color que Enrique tendrá que colocar.

Hace falta saber cuánto mide la altura de cada taco.

2. Decide si hay que calcular el máximo común divisor o el mínimo común múltiplo. Justifica la respuesta.

Hay que calcular el mínimo común múltiplo de 6 y 8, porque se trata de formar dos pilas de la misma altura, una con tacos de 6 mm y otra con tacos de 8 mm, lo que significa que la altura tiene que ser un múltiplo de 6 y de 8.

3. Calcúlalo.

Como son números pequeños, se puede hacer de cabeza: el mínimo común múltiplo de 6 y 8 es 24.

4. ¿Podría ser que la altura de las pilas de tacos fuera mayor que este número? ¿Por qué?

En todo caso, para alcanzar la misma altura con tacos de 6 mm en una pila y tacos de 8 mm en la otra, esta altura tiene que ser un múltiplo de 6 y de 8, así que también debe serlo de su mínimo común múltiplo, que es 24. Si la altura fuera mayor que este número, tendría que ser, por lo menos, de 48 mm (el doble de 24 mm), pero eso no es posible, porque, con los seis tacos azules, se puede alcanzar una altura máxima de 6 · 6 = 36 mm (con los cinco tacos verdes, ocurre lo mismo: la altura máxima es de 5 · 8 = 40 mm), y, en el enunciado, se indica que es posible nivelar la mesa de este modo con los tacos que tiene Enrique.

5. ¿Qué operaciones hay que realizar para responder a la segunda pregunta? ¿Cuáles son los resultados?

Para calcular el número de tacos azules, hay que dividir 24 entre 6, cuyo resultado es 4; para los verdes, hay que dividir 24 entre 8, que da 3.

6. Responde a las preguntas planteadas en el enunciado.

Cada pila debe alcanzar una altura de 24 mm (2,4 cm). Para ello, Enrique tendrá que colocar cuatro tacos azules (en una pata) y tres tacos verdes (en la otra).

➢ ¿Cuántos cuadrados hay en esta figura?

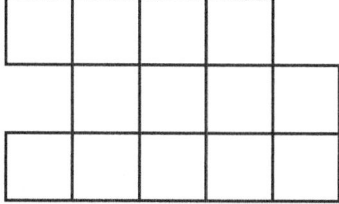

1. Cuenta los cuadraditos que hay en la figura. ¿Cuántos hay?

Hay 13 cuadraditos.

2. ¿Crees que estos son los únicos cuadrados? ¿Hay otros cuadrados más grandes? Si los hay, indica cómo se pueden formar.

   Hay otros cuadrados más grandes, que se pueden formar juntando varios cuadraditos pequeños.

3. Copia la figura del enunciado y colorea el cuadrado más grande que se pueda formar.

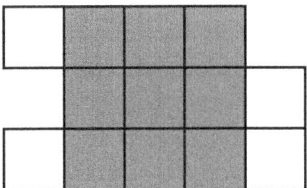

4. ¿Crees que hay otros cuadrados más pequeños que el anterior, además de los cuadraditos pequeños? En caso afirmativo, copia la figura del enunciado tantas veces como sea necesario, y coloréalos todos.

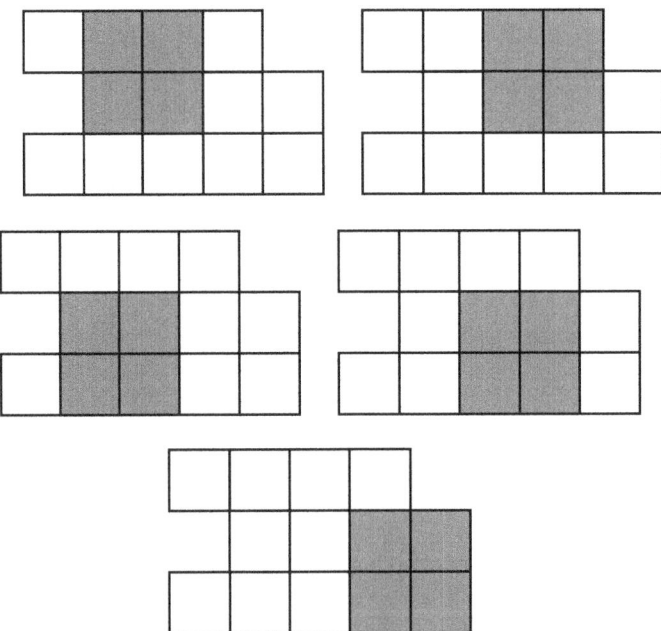

5. ¿Cuántos cuadrados hay de cada tipo?

Hay 13 cuadrados pequeños, un cuadrado grande y cinco cuadrados medianos.

6. Responde a la pregunta planteada en el enunciado.

Hay 19 cuadrados, ya que 13 + 1 + 5 = 19.

7. ¿Te ha parecido engañoso este problema? Explica por qué.

En un principio, parece que solo hay 13 cuadrados; no «se cae» en que pueden juntarse varios cuadraditos pequeños para formar otros más grandes.

➤ Un año luz es una unidad de distancia, no de tiempo. Se define como la distancia que recorre la luz en un año. Sabiendo que la luz recorre 300 000 km cada segundo, ¿con cuántos kilómetros se corresponde un año luz?

1. Calcula la distancia que recorre la luz en un minuto.

$$300\ 000 \cdot 60 = 18\ 000\ 000\ km$$

2. Calcula la distancia que recorre la luz en una hora.

$$18\ 000\ 000 \cdot 60 = 1\ 080\ 000\ 000\ km$$

3. Calcula la distancia que recorre la luz en un día.

$$1\ 080\ 000\ 000 \cdot 24 = 25\ 920\ 000\ 000\ km$$

4. Calcula la distancia que recorre la luz en un año.

$$25\ 920\ 000\ 000 \cdot 365 = 9\ 460\ 800\ 000\ 000\ km$$

5. Responde a la pregunta planteada en el enunciado.

Un año luz se corresponde con 9 460 800 000 000 km.

➤ Un batiscafo (un tipo de submarino) se encuentra realizando unas observaciones científicas a 4130 m de profundidad. Más tarde, desciende 1329 m y, a continuación, comienza a ascender, en varios tramos: en primer lugar, sube 690 m; en segundo lugar, 1648 m; y, en tercer lugar, 2185 m. En ese momento, desciende 434 m, y se detiene. ¿A qué profundidad se encuentra el batiscafo cuando se para?

1. ¿Qué datos se dan?

   La profundidad a la que se encuentra el batiscafo en un principio, los metros que baja después, los metros que sube en cada tramo y los metros que finalmente desciende.

2. ¿Qué se pregunta?

   La profundidad a la que se encuentra el batiscafo cuando se para.

3. Expresa con un número entero la profundidad a la que inicialmente se encontraba el batiscafo.

   –4130.

4. Escribe los números enteros con los que se describen los sucesivos movimientos del batiscafo.

   –1329, +690, +1648, +2185 y –434.

5. Escribe las operaciones con números enteros que son necesarias para calcular lo que se pregunta.

   –4130 – 1329 + 690 + 1648 + 2185 – 434

6. Realiza estas operaciones, indicando los pasos que hay que seguir.

   En primer lugar, hay que sumar los números positivos, por una parte, y los números negativos, por otra, manteniendo los signos que tienen.

   La suma de los números positivos es: 690 + 1648 + 2185 = 4523

   La suma de los números negativos es: 4130 + 1329 + 434 = 5893

   Así, los resultados de las sumas, teniendo en cuenta los signos, son: +4523 y –5893.

   A continuación, como salen dos números de distinto signo, se restan los dos números y se coloca el signo del mayor: 4523 – 5893 = –1370

7. Responde a la pregunta planteada en el enunciado.

Cuando se para, el batiscafo se encuentra a una profundidad de 1370 m.

8. Imagina que se hubiera obtenido un resultado positivo. ¿Sería posible?

No sería posible, porque un batiscafo no puede estar volando, ni por encima de la superficie del mar. Siempre ha de estar sumergido (sería un número negativo) o flotando a nivel del mar (sería cero).

➢ En un determinado momento, había 320 personas en un centro comercial. A partir de entonces, cada minuto, entraron 32 personas y salieron 19. ¿Cuántas horas pasaron hasta que llegó a haber 5000 personas en el centro comercial?

1. ¿Qué datos se dan?

El número de personas que había en un determinado momento y la cantidad de personas que entraron y salieron cada minuto, a partir de entonces.

2. ¿Qué se pregunta?

El tiempo (en horas) que pasó hasta que llegó a haber 5000 personas en el centro comercial.

3. Indica razonadamente qué operación hay que hacer para averiguar el «aumento neto», en cada minuto, del número de personas. ¿Cuál es el resultado?

Hay que restar el número de personas que entraron y el número de personas que salieron cada minuto, porque así podemos saber cuántas personas más había cada minuto. El resultado es 13, pues 32 – 19 = 13.

4. ¿Cuántas personas más tuvieron que entrar en el centro comercial hasta llegar a las 5000 personas? ¿Por qué?

Tuvieron que entrar 4680 personas más, porque 5000 – 320 = 4680.

5. Indica qué operación hay que efectuar para saber los minutos que pasaron hasta que hubo 5000 personas en el centro comercial. Realiza esta operación.

Hay que dividir el número de personas que tuvieron que entrar entre el número «neto» de personas que entraron cada minuto: 4680 / 13 = 360

6. Expresa en horas el resultado obtenido.

360 / 60 = 6 h

7. Responde a la pregunta planteada en el enunciado.

Pasaron seis horas hasta que llegó a haber 5000 personas en el centro comercial.

➤ En una oficina, hay una máquina de agua con una garrafa en su parte superior. Al final del día, quedan 6 L de agua, que se corresponden con las tres cuartas partes de la garrafa. ¿Cuántos litros de agua caben en la garrafa?

1. ¿Qué datos se dan?

Los litros de agua que quedan al final del día y la fracción de la garrafa que esta cantidad representa.

2. ¿Qué se pregunta?

Los litros que caben en la garrafa.

3. Haz un dibujo para representar la garrafa y sombrea la fracción de ella que está llena al final del día.

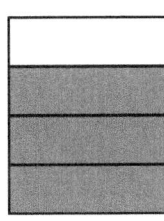

4. Indica razonadamente qué operación hay que realizar para saber con cuántos litros se corresponde cada porción del dibujo. ¿Cuál es el resultado?

Hay que dividir 6 entre 3, porque la parte sombreada se corresponde con 6 L, y está formada por tres porciones. El resultado es 2.

5. Indica razonadamente qué operación hay que realizar para saber cuántos litros caben en la garrafa. ¿Cuál es el resultado?

Hay que multiplicar 2 por 4, porque cada porción representa 2 L, y la garrafa está formada por cuatro porciones. El resultado es 8.

6. Responde a la pregunta planteada en el enunciado.

En la garrafa caben ocho litros.

➢ El sueldo bruto de Ricardo es de 1760 € al mes, pero le restan 55 € del seguro social y le retienen, de impuestos, un 21 % de la cantidad resultante. ¿Cuál es el sueldo neto de Ricardo?

1. En el enunciado, hay dos conceptos que es necesario comprender para poder resolver el problema: el «sueldo bruto» y el «sueldo neto». Explica qué es cada uno de ellos.

   El «sueldo bruto» es lo que paga cada mes la empresa en la que trabaja Ricardo, aunque no todo se lo lleve él. El sueldo neto es lo que efectivamente cobra Ricardo cada mes, una vez descontados el seguro social y los impuestos, es decir, lo que le ingresan en la cuenta bancaria.

2. En el enunciado, se habla de la «cantidad resultante». ¿Cómo se calcula esta cantidad? ¿Cuál es?

   Se calcula restando el seguro social del sueldo bruto: 1760 – 55 = 1705

3. Calcula la cantidad que le retienen de impuestos.

   $$21\% \ de \ 1705 = \frac{21}{100} \cdot 1705 = \frac{21 \cdot 1705}{100} = 358,05$$

4. Calcula el sueldo neto de Ricardo.

   $$1705 - 358,05 = 1346,95 \ €$$

5. Responde a la pregunta planteada en el enunciado.

   El sueldo neto de Ricardo es de 1346,95 € al mes.

➢ Isidoro y Quintín son dos abogados que ofrecen los mismos precios a sus clientes. A lo largo de su carrera profesional, Isidoro ha participado en 690 pleitos, de los que ha ganado 460, mientras que Quintín ha ganado 530 de los 870 pleitos en los que ha participado. Eusebio necesita contratar a uno de estos dos abogados. ¿A cuál de los dos elegirá?

1. Está claro que Eusebio elegirá al abogado que sea mejor. Según el enunciado, Quintín ha ganado más pleitos que Isidoro. ¿Quiere eso decir que Quintín es mejor abogado que Isidoro? ¿Por qué?

   No tiene por qué ser así. Para valorar la eficacia de cada abogado, lo que importa es la cantidad relativa de veces que ha ganado, no la cantidad total de veces que lo ha hecho.

2. ¿Cuál es el porcentaje de éxito de Isidoro?

$$\frac{460}{690} \cdot 100 = 66,\hat{6}\,\%$$

3. ¿Y el de Quintín?

$$\frac{530}{870} \cdot 100 = 60,92\,\% \quad \textit{(redondeando a dos cifras decimales)}$$

4. ¿Cuál de ellos tiene el mayor porcentaje de éxito?

Isidoro.

5. Teniendo en cuenta lo anterior, responde a la pregunta planteada en el enunciado.

Eusebio elegirá a Isidoro como abogado.

6. Imagina que los dos abogados tuvieran el mismo porcentaje de éxito. ¿Tendría Eusebio algún criterio objetivo para elegir a uno de los dos?

Si los dos abogados fueran igual de eficaces, Eusebio no tendría ningún criterio objetivo para elegir a uno de ellos.

➢ Un teléfono móvil, una tableta y un ordenador portátil cuestan, en total, 1100 €. El portátil cuesta el triple que el móvil, y la tableta vale 150 € más que el teléfono. ¿Cuál es el precio de cada uno de estos artículos?

1. Según los datos del enunciado, ¿cuál de los tres artículos cuesta menos?

El teléfono móvil.

2. Entonces, teniendo en cuenta qué se pregunta, ¿qué significado conviene darle a la incógnita «*x*»?

Conviene llamar x al precio del teléfono móvil.

3. Eligiendo así el significado de la incógnita, ¿cómo se expresa el precio de los otros dos artículos? Justifica la respuesta.

Como el portátil cuesta el triple que el teléfono móvil, su precio es 3x; por su parte, el precio de la tableta es x + 150, porque, según el enunciado, cuesta 150 € más que el teléfono móvil.

4. Plantea la ecuación que permite resolver el problema, teniendo en cuenta las expresiones anteriores y el precio de los tres productos juntos, según se indica en el enunciado.

$$x + (x + 150) + 3x = 1100$$

5. ¿Qué tipo de ecuación es?

Es una ecuación de primer grado con una incógnita.

6. Resuelve la ecuación, indicando los pasos que se van dando.

En primer lugar, se eliminan los paréntesis:

$$x + x + 150 + 3x = 1100$$

A continuación, se trasponen los términos, para dejar las «x» en un miembro y los números en el otro:

$$x + x + 3x = 1100 - 150$$

Ahora, se agrupan los términos:

$$5x = 950$$

Por último, se «pasa» el 5 dividiendo y se efectúa el cálculo:

$$x = 950 / 5$$

$$x = 190$$

7. Calcula el precio de los otros dos artículos, sustituyendo la solución de la ecuación en las expresiones obtenidas antes.

El precio del ordenador es: $3 \cdot 190 = 570 €$

El precio de la tableta es: $190 + 150 = 340 €$

8. Comprueba que el precio total de los tres artículos es el indicado en el enunciado.

$190 + 340 + 570 = 1100$, que es el dato del enunciado.

9. Comprueba que también se cumplen las otras relaciones indicadas en el enunciado.

El ordenador cuesta 570 €, que es el triple del precio del teléfono móvil, 190 €; la tableta cuesta 340 €, que es el resultado de sumar 150 € al precio del teléfono, 190 €.

10. Responde a la pregunta planteada en el enunciado.

El teléfono móvil cuesta 190 €; la tableta, 340 €; y el ordenador por-tátil, 570 €.

11. Imagina que los resultados obtenidos fueran números decimales. ¿Se-ría posible?

Sí sería posible, porque los precios de los artículos no tienen por qué ser cantidades exactas de euros; podrían ser euros y céntimos.

12. Imagina que los resultados obtenidos fueran números negativos. ¿Se-ría posible?

No sería posible, porque los precios nunca son negativos; si lo fueran, significaría que los clientes, en lugar de pagar, recibirían dinero al comprar.

➤ Un instituto alquiló un autobús para hacer una excursión. En principio, el autobús iba a ir completo, por lo que el precio era de 8 € por persona. Sin embargo, seis alumnos no pudieron ir, así que cada estudiante que fue de excursión tuvo que pagar un euro más. ¿Cuál es la capacidad del autobús contratado? ¿Cuánto costó alquilar el autobús?

1. Teniendo en cuenta la primera pregunta, ¿qué significado conviene dar-le a la incógnita «*x*»?

Conviene que x represente la capacidad del autobús.

2. ¿Hay alguna relación entre ese significado de la incógnita «*x*» y el nú-mero de estudiantes que, en principio, iban a ir de excursión? ¿Cuál?

Sí que hay relación: son iguales.

3. Según el enunciado, si el autobús hubiera estado completo, el precio por persona habría sido de 8 €. Teniendo en cuenta esto y el significado dado a la incógnita, ¿cómo se expresaría en lenguaje algebraico el cos-te del alquiler del autobús?

Se expresaría como 8x.

4. Como no se completó el autobús, cada estudiante que fue de excursión tuvo que pagar un euro más. ¿Cuánto tuvo que pagar en total cada es-tudiante que fue de excursión?

Nueve euros.

5. Teniendo en cuenta el significado de la incógnita y que finalmente seis alumnos no fueron de excursión, ¿cómo se expresaría en lenguaje algebraico el número de estudiantes que fueron de excursión?

Se expresaría como x – 6.

6. Teniendo en cuenta las respuestas a las dos cuestiones anteriores, ¿cómo se expresaría en lenguaje algebraico el coste del alquiler del autobús?

Se expresaría como 9(x – 6).

7. Observa las preguntas y las respuestas de los pasos 3 y 6. ¿Qué conclusión se puede obtener?

Que ambas expresiones deben ser iguales.

8. ¿Qué ecuación hay que plantear, entonces?

$$8x = 9(x - 6)$$

9. ¿Qué tipo de ecuación es?

Es una ecuación de primer grado con una incógnita.

10. Resuelve la ecuación, indicando los pasos que se van dando.

En primer lugar, se quitan los paréntesis:

$$8x = 9x - 54$$

A continuación, se trasponen los términos, para dejar las «x» en un miembro y los números en el otro:

$$8x - 9x = -54$$

Ahora, se agrupan los términos:

$$-x = -54$$

Por último, se cambian de signo los dos miembros de la ecuación:

$$x = 54$$

11. Calcula el coste del alquiler del autobús, sustituyendo la solución de la ecuación en la expresión obtenida en el paso 3.

$$8 \cdot 54 = 432 \text{ €}$$

12. Comprueba que este resultado coincide con el que se obtendría susti-tuyendo la solución de la ecuación en la expresión del paso 6.

$$9(54 - 6) = 9 \cdot 48 = 432 \text{ €}$$

13. Responde a las preguntas planteadas en el enunciado.

La capacidad del autobús es de 54 plazas; el alquiler costó 432 €.

14. Imagina que la solución de la ecuación fuera un número decimal. ¿Sería posible?

No sería posible, porque la solución de la ecuación se refiere a un número de personas.

15. Imagina que los resultados obtenidos fueran números negativos. ¿Sería posible?

No sería posible, porque la capacidad de un autobús y los precios nunca pueden ser negativos; es absurdo hablar de que haya una cantidad negativa de personas en un autobús, y un precio negativo significaría que la empresa de autobuses paga por alquilarlos.

➢ Se ha realizado una encuesta para conocer el hábito de uso del WhatsApp por parte del alumnado de un grupo de 1.º de Bachillerato. Para ello, se ha pedido a todos los estudiantes de este grupo que respondan a la siguiente pregunta: «¿Cuántos mensajes de WhatsApp, aproximadamente, escribes durante una hora por la tarde en un día normal?».

1. ¿Cuál es la población de este estudio?

El alumnado de este grupo de 1.º de Bachillerato.

2. ¿Cuál es la variable estadística? ¿De qué tipo es?

La variable es «el número aproximado de mensajes por WhatsApp escritos durante una hora por la tarde en un día normal». Es una variable cuantitativa, porque se expresa con números.

3. A continuación, se indican las respuestas aportadas por el alumnado, por orden de lista. ¿Crees que es una buena manera de organizar los datos? ¿O hay otra mejor? Justifica la respuesta.

9, 12, 0, 15, 10, 4, 20, 12, 0, 2, 0, 8, 5, 12, 3, 10, 5, 12, 8,
0, 7, 5, 12, 3, 8, 15, 12, 9, 0, 2, 4, 4, 5, 20, 12, 15, 7, 3, 9, 10

Sería mejor organizar los datos en una tabla de frecuencias absolutas y relativas, porque así estarían ordenados, de menor a mayor, y, además, estarían agrupadas las respuestas iguales, lo que haría más fácil su estudio.

4. Construye una tabla de frecuencias absolutas y relativas con los datos recogidos en la encuesta.

Número de mensajes	Frecuencia absoluta	Frecuencia relativa	Porcentaje
0	5	5 / 40 = 0,125	12,5 %
2	2	2 / 40 = 0,05	5 %
3	3	3 / 40 = 0,075	7,5 %
4	3	3 / 40 = 0,075	7,5 %
5	4	4 / 40 = 0,1	10 %
7	2	2 / 40 = 0,05	5 %
8	3	3 / 40 = 0,075	7,5 %
9	3	3 / 40 = 0,075	7,5 %
10	3	3 / 40 = 0,075	7,5 %
12	7	7 / 40 = 0,175	17,5 %
15	3	3 / 40 = 0,075	7,5 %
20	2	2 / 40 = 0,05	5 %
TOTAL	40	40 / 40 = 1	100 %

5. ¿Cuál es la moda? ¿Por qué?

La moda es de 12 mensajes de WhatsApp cada hora por la tarde de un día normal, porque es el valor que más veces aparece (tiene la mayor frecuencia absoluta).

6. Calcula la media.

Para calcular la media, realizamos las siguientes operaciones, a partir de los datos recogidos en la tabla:

$$\frac{0\cdot5+2\cdot2+3\cdot3+4\cdot3+5\cdot4+7\cdot2+8\cdot3+9\cdot3+10\cdot3+12\cdot7+15\cdot3+20\cdot2}{40}$$

El resultado es:

$$\frac{309}{40} = 7,725$$

7. Imagina que la moda hubiera sido un número decimal. ¿Sería posible?

No sería posible, porque la moda representa la cantidad de mensajes de WhatsApp que más veces envían los estudiantes de este grupo de Bachillerato, y no puede enviarse una cantidad decimal de mensajes.

8. Imagina que la media hubiera sido un número decimal. Explica si sería posible.

Sí que sería posible (de hecho, lo es), porque la media no tiene por qué ser uno de los valores que toma la variable.

➤ Se ha realizado una encuesta a un grupo de estudiantes de 1.º de ESO para saber qué tipo de trabajo les gustaría tener cuando sean mayores. Para ello, se les ha proporcionado el siguiente cuestionario:

Marca con una «*X*» la letra que mejor se corresponda con el tipo de profesión que te gustaría tener cuando seas mayor:

A Empleado público/funcionario   B Autónomo/empresario

C Empleado por cuenta ajena   D Artista/deportista

E Otros   F No quiero trabajar en nada

---

1. ¿Cuál es la población de este estudio?

Ese grupo de estudiantes de 1.º de ESO.

2. ¿Cuál es la variable estadística? ¿De qué tipo es?

La variable es «el tipo de profesión que estos estudiantes quisieran tener cuando sean mayores». Es una variable cualitativa, porque no toma valores numéricos, sino que describe unas características.

3. Las respuestas de este grupo de estudiantes, por orden alfabético, son las siguientes:

B, D, A, A, B, D, D, A, E, D, B, C, D, B, B, D, E, A,
F, D, B, B, D, A, C, D, B, B, A, E, D, B, A, F

Elabora una tabla de frecuencias absolutas y relativas con los datos recogidos en la encuesta.

Tipo de profesión	Frecuencia absoluta	Frecuencia relativa	Porcentaje
Empleado público/ funcionario	7	7 / 34 = 0,2059	20,59 %
Autónomo/ empresario	10	10 / 34 = 0,2941	29,41 %
Empleado por cuenta ajena	2	2 / 34 = 0,0588	5,88 %
Artista/deportista	10	10 / 34 = 0,2941	29,41 %
Otros	3	3 / 34 = 0,0882	8,82 %
No desean trabajar en nada	2	2 / 34 = 0,0588	5,88 %
TOTAL	34	34 / 34 = 1	100 %

4. ¿Cuál es la moda? ¿Por qué? ¿Hay algo que resulte extraño?

La moda es ser autónomo/empresario y artista/deportista, porque son las respuestas más frecuentes. No hay nada extraño: no tiene por qué haber solo una moda.

5. ¿Y la media?

No tiene sentido calcular la media, porque no son datos numéricos; se trata de una variable cualitativa.

6. Realiza el gráfico estadístico más adecuado para describir los resultados de la encuesta, incluyendo los porcentajes correspondientes, redondeando, sin decimales.

El gráfico estadístico más adecuado es el diagrama de sectores, porque es una variable cualitativa y no hay datos numéricos.

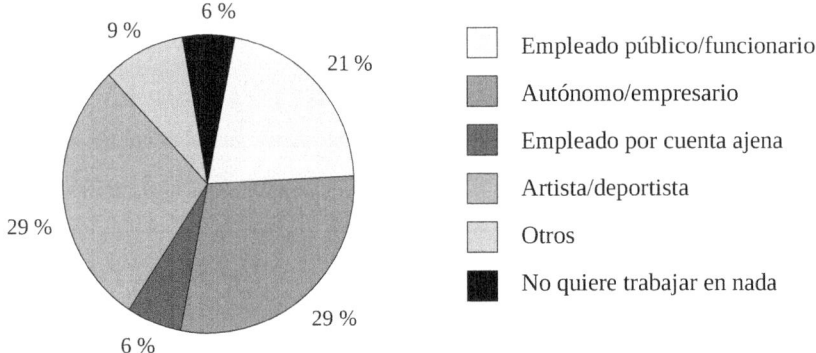

- Empleado público/funcionario
- Autónomo/empresario
- Empleado por cuenta ajena
- Artista/deportista
- Otros
- No quiere trabajar en nada

➤ Calcula la superficie de la zona sombreada, teniendo en cuenta los datos que se muestran en el dibujo.

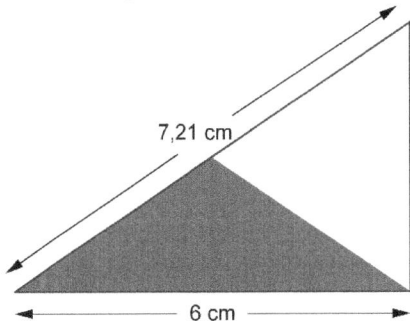

7,21 cm

6 cm

1. ¿De qué figura se trata? ¿Qué fórmula hay que utilizar para hallar la superficie pedida?

Se trata de un triángulo isósceles. Hay que utilizar la fórmula:

$$A = \frac{b \cdot h}{2}$$

2. ¿Qué dato de la fórmula es conocido? ¿Cuál falta?

Se conoce la base, b = 6; falta la altura, h.

3. Observa el triángulo que conforma la figura completa. ¿De qué tipo es?

Es un triángulo rectángulo.

4. ¿Hay algún dato de este triángulo que se pueda calcular con la información del dibujo? ¿Cómo?

Sí, se puede calcular el otro cateto, aplicando el teorema de Pitágoras.

5. Llama x a ese dato y escribe esta letra en el dibujo, en el lugar adecuado. Señala también el dato que falta para poder aplicar la fórmula, trazando una línea discontinua, y coloca a su lado la letra correspondiente.

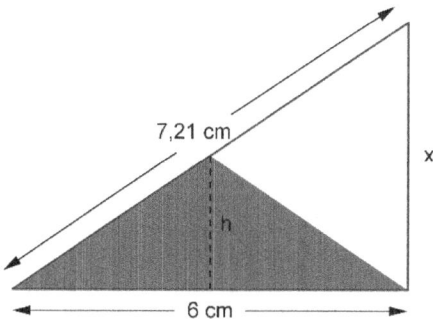

6. Fíjate bien en el dibujo. ¿Qué relación hay entre x y el dato que falta para poder aplicar la fórmula del área del triángulo? ¿Por qué?

h es la mitad de x, porque se trata de un triángulo isósceles.

7. Calcula el valor de x, indicando los pasos que se van dando, y redondea a las unidades el resultado obtenido.

Aplicando el teorema de Pitágoras, tenemos:

$$x^2 + 6^2 = (7,21)^2$$

A continuación, calculamos los cuadrados y trasponemos, para despejar x^2:

$$x^2 + 36 = 51,98 \rightarrow x^2 = 51,98 - 36$$

Ahora, efectuamos la resta y extraemos la raíz cuadrada, para despejar x:

$$x^2 = 15,98 \rightarrow x = \pm \sqrt{15,98} \rightarrow x = \pm 3,997$$

Como x representa una longitud, descartamos la solución negativa.

Por último, redondeamos el resultado, como se pide en el enunciado:
x = 4

8. Calcula el valor del dato que falta para poder aplicar la fórmula de la superficie del triángulo, teniendo en cuenta la respuesta a la cuestión 6.

$$h = \frac{4}{2} = 2$$

9. Ahora que se tienen todos los datos necesarios, sustitúyelos en la fórmula del área del triángulo y realiza las operaciones correspondientes.

$$A = \frac{6 \cdot 2}{2} = 6$$

10. Responde a la cuestión planteada en el enunciado.

La zona sombreada tiene una superficie de 6 cm².

➢ Un mosaico con forma de hexágono regular está compuesto por piezas irregulares de 1 cm², sin que quede espacio libre entre ellas. El contorno del mosaico mide 12 m de longitud. ¿Cuántas piezas tiene el mosaico?

1. ¿Qué se pide? ¿Con qué medida del hexágono regular coincide? ¿Por qué?

Se pide el número de piezas que forman el mosaico, que coincide con la superficie del hexágono regular (expresada en cm²), porque cada pieza tiene una superficie de 1 cm².

2. Entonces, ¿qué fórmula se puede utilizar?

La fórmula del área del hexágono regular:

$$A = \frac{p \cdot a}{2}$$

3. ¿Qué dato de la fórmula es conocido? ¿Cuál falta?

Se conoce el perímetro, p = 12 m; falta la apotema.

4. Dibuja un hexágono regular, señala el dato que falta, trazando una línea discontinua, y coloca a su lado la letra que corresponda. Traza, además, un segmento continuo para señalar uno de los radios del hexágono, tan «próximo» a la línea discontinua como sea posible.

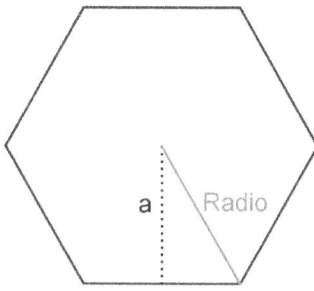

5. ¿Cómo se puede calcular el lado del hexágono? ¿Cuánto mide?

   Se puede calcular dividiendo el perímetro entre el número de lados:
   l = 12 / 6 = 2

   El lado mide 2 m.

6. ¿Qué relación hay entre el lado y el radio de un hexágono regular? ¿Se cumple en todos los polígonos regulares?

   El lado y el radio de un hexágono regular son iguales. Es una propiedad que solo tiene este polígono regular; los demás no la cumplen.

7. Entonces, ¿cuánto mide el radio del hexágono?

   También mide 2 m.

8. Observa que el radio y la línea discontinua dibujada son dos de los tres lados de un triángulo rectángulo. ¿Cuánto mide el tercer lado? ¿Por qué?

   Mide 1 m, porque es la mitad del lado.

9. Usando este triángulo rectángulo, calcula el dato que falta para poder aplicar la fórmula del área del hexágono regular, indicando los pasos que se van dando. Utiliza todas las cifras decimales de la calculadora.

   Por el teorema de Pitágoras, tenemos:

$$a^2 + 1^2 = 2^2$$

A continuación, calculamos los cuadrados, trasponemos para despejar a^2 y efectuamos la resta:

$$a^2 + 1 = 4 \rightarrow a^2 = 4 - 1 \rightarrow a^2 = 3$$

Ahora, extraemos la raíz cuadrada para despejar a:

$$a = \pm\sqrt{3} \rightarrow a = \pm 1{,}732050808$$

Como a representa una longitud, descartamos la solución negativa, quedando a = 1,732050808.

10. Ahora que se tienen todos los datos necesarios, sustitúyelos en la fórmula del área del hexágono regular y realiza las operaciones correspondientes.

$$A = \frac{12 \cdot 1{,}732050808}{2} = 10{,}39230485 \ m^2$$

11. Por último, expresa el resultado obtenido en centímetros cuadrados, para que coincida con el número de piezas del mosaico. Redondea, para que no queden cifras decimales.

$$10{,}39230485 \ m^2 = 103\ 923 \ cm^2$$

12. Responde a la pregunta planteada en el enunciado.

El mosaico tiene 103 923 piezas.

➢ En una fábrica, hay un depósito de base circular de 6 m de radio. Como se acaba de pintar la pared exterior del depósito, se ha colocado una cinta alrededor, a un metro de distancia, para que nadie se roce con la pintura fresca. Calcula la diferencia entre la longitud de la cinta y la del contorno del depósito. Usa 3,14 como aproximación del número π.

1. Se pregunta por la diferencia entre las longitudes de dos líneas. ¿Qué forma tienen estas líneas? ¿Qué fórmula hay que utilizar, entonces?

Tienen forma de circunferencia; hay que utilizar la fórmula de la longitud de la circunferencia: $L = 2\pi r$

2. ¿Qué dato se conoce? ¿Cuál falta?

Se conoce el radio del depósito; falta el radio de la circunferencia formada por la cinta.

3. ¿Se puede calcular rápidamente el dato que falta? ¿Cómo? ¿Cuál es su valor?

Sí que se puede; basta con sumar 1 al radio del depósito: 6 + 1 = 7 m

4. Denotamos por L_1 la mayor de las dos longitudes. Calcula L_1, sustituyendo el dato adecuado en la fórmula de la longitud de la circunferencia.

$$L_1 = 2\pi r = 2 \cdot 3,14 \cdot 7 = 43,96 \ m$$

5. Denotamos por L_2 la menor de las dos longitudes. Calcula L_2, como antes.

$$L_2 = 2\pi r = 2 \cdot 3,14 \cdot 6 = 37,68 \ m$$

6. Calcula la diferencia entre L_1 y L_2, como se pide en el enunciado.

$$L_1 - L_2 = 43,96 - 37,68 = 6,28 \ m$$

7. Responde a la cuestión planteada en el enunciado.

La diferencia entre la longitud de la cinta y la del contorno del depósito es de 6,28 m.

8. Ahora que has resuelto el problema, imagina que se pudiera hacer lo mismo con el ecuador de la Tierra, es decir, imagina que se rodeara el ecuador de la Tierra con una cinta, situada a un metro de altura. Calcula la diferencia entre la longitud de la cinta y la del ecuador de la Tierra, indicando los pasos que se van dando. Considera que el radio del ecuador mide 6 371 000 m, y usa 3,14 como aproximación del número π.

Como la cinta está a un metro de altura, el radio de la circunferencia formada por ella mide 6 371 001 m, por lo que su longitud es:

$$L_1 = 2\pi r = 2 \cdot 3,14 \cdot 6 \ 371 \ 001 = 40 \ 009 \ 886,28 \ m$$

Por su parte, la longitud del ecuador es:

$$L_2 = 2\pi r = 2 \cdot 3,14 \cdot 6 \ 371 \ 000 = 40 \ 009 \ 880 \ m$$

Entonces, la diferencia entre ambas longitudes es:

$$L_1 - L_2 = 40 \ 009 \ 886,28 - 40 \ 009 \ 880 = 6,28 \ m$$

9. Compara este último resultado con el obtenido antes, para el depósito. ¿Qué relación hay entre ambos resultados?

Son iguales.

10. ¿Es algo sorprendente? ¿O parece «normal»? Explica la respuesta.

Es sorprendente, porque, al ser el ecuador de la Tierra tan grande en comparación con el depósito, parece que sea necesario añadir mucha más cinta, para que también quede con un metro de separación.

11. ¿Crees que sucede lo mismo con todas las circunferencias? Intenta explicarlo. Pide ayuda si no lo consigues. ¡Es un poco complicado!

Sucede lo mismo con todas las circunferencias:

Si una circunferencia tiene radio r, el radio de la otra será r + 1. Entonces:

$$L_1 = 2\pi(r + 1) = 2\pi r + 2\pi$$

Por su parte:

$$L_2 = 2\pi r$$

Restando, resulta:

$$L_1 - L_2 = 2\pi r + 2\pi - 2\pi r = 2\pi = 2 \cdot 3{,}14 = 6{,}28$$

➢ En una plaza cuadrada de 45 m de lado, se van a colocar nueve fuentes, también cuadradas. Para ello, se divide la plaza en nueve cuadrados iguales, formando una cuadrícula de 3 × 3, y se coloca una fuente ocupando el cuadrado central. A continuación, se hace lo mismo con los otros ocho cuadrados: cada uno de ellos se divide en nueve cuadrados más pequeños, formando una cuadrícula de 3 × 3, y se coloca una fuente en el cuadrado central. ¿Qué superficie ocupan las nueve fuentes? ¿Qué porcentaje de la plaza queda para pasear?

1. Haz un dibujo que ayude a comprender mejor la situación. Sigue los pasos descritos en el enunciado para la colocación de las fuentes. Marca con líneas discontinuas las divisiones de la plaza y colorea la zona en la que no hay fuentes.

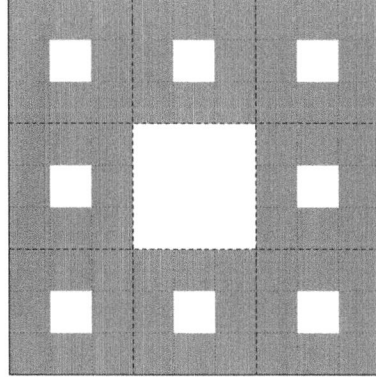

2. ¿Cuánto mide el lado de la fuente grande? ¿Y el de las ocho fuentes más pequeñas? Explica por qué.

Como el lado de la plaza mide 45 m, el lado de la fuente grande tiene una longitud de 15 m, porque 45 / 3 = 15. Por su parte, el lado de las fuentes más pequeñas mide 5 m, que es el resultado de dividir 15 entre 3.

3. Calcula la superficie de la fuente grande.

$$S = L^2 = 15^2 = 225 \ m^2$$

4. Calcula la superficie de cada una de las fuentes más pequeñas.

$$s = l^2 = 5^2 = 25 \ m^2$$

5. Calcula la superficie ocupada por todas las fuentes.

$$S_{FUENTES} = S + 8s = 225 + 8 \cdot 25 = 425 \ m^2$$

6. Responde a la primera pregunta planteada en el enunciado.

Las nueve fuentes ocupan una superficie de 425 m^2.

7. Veamos ahora la segunda parte del problema. ¿Qué se pide? ¿Cómo se puede calcular, usando la respuesta a la primera pregunta? ¿Qué dato se necesita conocer?

Se pide el porcentaje de la plaza que no tiene fuentes. Como conocemos la superficie que ocupan las fuentes, si calculamos la superficie total de la plaza, podemos saber cuál es el porcentaje que ocupan las fuentes y, a partir de él, el porcentaje de la plaza que está sin fuentes. Por tanto, hace falta conocer la superficie total de la plaza.

8. Realiza los cálculos necesarios, indicando los pasos que se van dando.

En primer lugar, calculamos la superficie de la plaza:

$$S_{PLAZA} = 45^2 = 2025 \ m^2$$

Entonces, el porcentaje ocupado por las fuentes es:

$$\frac{425}{2025} \cdot 100 = 20,99\%$$

En consecuencia, el porcentaje de la plaza que está sin fuentes es:

$$100\% - 20,99\% = 79,01\%$$

9. Responde a la segunda pregunta planteada.

Para pasear, queda un 79,01 % de la plaza.

10. Ahora que has resuelto el problema, ¿se te ocurre otra manera de abordar la segunda parte, sin usar el dato calculado en la primera? Una pista: cuenta los cuadraditos en que ha quedado dividida la plaza y los que no están ocupados por fuentes.

La plaza ha quedado dividida en 81 cuadraditos, de los que 64 no están ocupados por fuentes. Entonces, el porcentaje de la plaza que queda para pasear es:

$$\frac{64}{81} \cdot 100 = 79,01\%$$

➢ Carmen dispone de 200 000 € para comprarse un piso. Desea un piso con tres dormitorios y dos baños, que tenga al menos 120 m². En la inmobiliaria, le enseñan el plano de un piso que tiene un precio de 1600 €/m². ¿Cumple este piso los requisitos de Carmen?

Ten en cuenta que, en el plano, el lado de los cuadrados que forman la cuadrícula mide 2 m. La pared semicircular del salón es una vidriera.

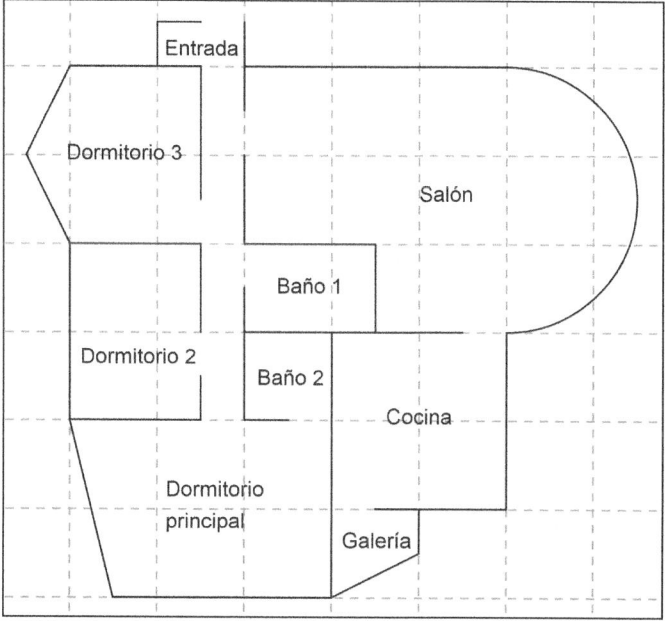

1. ¿Qué tiene que ocurrir para que este piso cumpla los requisitos de Carmen?

   Debe tener tres dormitorios y dos baños (lo cual se ve a golpe de vista), medir 120 m² o más y no costar más de 200 000 €.

2. ¿Se puede calcular directamente la superficie de este piso? ¿Por qué? ¿Qué hay que hacer para calcularla?

   No se puede calcular directamente, porque el piso no tiene una forma regular. Hay que dividirlo en varias figuras, de las que sí se pueda calcular la superficie, y sumar los resultados obtenidos.

3. Calcula la superficie de las distintas estancias del piso. Indica previamente qué figuras las componen y cuáles son sus medidas.

   – Dormitorio principal

   Es un trapecio de 4 m de altura y de bases respectivas de 5 m y 6 m. Su área es:

$$A_1 = \frac{(5 + 6) \cdot 4}{2} = 22 \ m^2$$

– Dormitorio 2

Es un rectángulo de 4 m de largo y 3 m de ancho. Su área es:

$$A_2 = 4 \cdot 3 = 12 \; m^2$$

– Dormitorio 3

Está formado por un rectángulo de 4 m de largo y 3 m de ancho, y de un triángulo de 4 m de base y 1 m de altura. Su área es:

$$A_3 = 4 \cdot 3 + \frac{4 \cdot 1}{2} = 12 + 2 = 14 \, m^2$$

– Baño 1

Es un rectángulo de 3 m de largo y 2 m de ancho. Su área es:

$$A_4 = 2 \cdot 3 = 6 \; m^2$$

– Baño 2

Es un cuadrado de 2 m de lado. Su área es:

$$A_5 = 2^2 = 4 \; m^2$$

– Entrada

Es un rectángulo de 2 m de largo y 1 m de ancho. Su área es:

$$A_6 = 2 \cdot 1 = 2 \; m^2$$

– Pasillo

Es un rectángulo de 8 m de largo y 1 m de ancho. Su área es:

$$A_7 = 8 \cdot 1 = 8 \; m^2$$

– Salón

Está formado por tres figuras: un rectángulo de 6 m de largo y 4 m de ancho, otro rectángulo de 3 m de largo y 2 m de ancho y un semicírculo de 3 m de radio. Por tanto, su superficie es:

$$A_8 = 6 \cdot 4 + 3 \cdot 2 + \frac{3,14 \cdot 3^2}{2} = 24 + 6 + 14,13 = 44,13 \; m^2$$

– *Cocina*

Es un cuadrado de 4 m de lado. Su área es:

$$A_9 = 4^2 = 16 \ m^2$$

– *Galería*

Es un trapecio de 2 m de altura y de bases respectivas de 2 m y 1 m. Su área es:

$$A_{10} = \frac{(2 + 1) \cdot 2}{2} = 3 \ m^2$$

4. ¿Qué hay que hacer para calcular la superficie total del piso? Calcúlala.

Hay que sumar todos los resultados anteriores:

$$A = A_1 + A_2 + A_3 + A_4 + A_5 + A_6 + A_7 + A_8 + A_9 + A_{10}$$

$$A = 22 + 12 + 14 + 6 + 4 + 2 + 8 + 44{,}13 + 16 + 3 = 131{,}13 \ m^2$$

5. ¿Tiene este piso un tamaño interesante para Carmen? ¿Por qué?

Sí que tiene un tamaño interesante para Carmen, porque mide 131,13 m², que es más de 120 m².

6. ¿Se puede responder ya a la pregunta planteada en el enunciado? ¿Qué dato falta?

No se puede responder aún; hace falta saber si el precio está por debajo de 200 000 €.

7. ¿Qué hay que hacer para calcular este dato? Calcúlalo.

Hay que multiplicar la superficie del piso por el precio del metro cuadrado:

$$131{,}13 \cdot 1600 = 209 \ 808 \ €$$

8. Responde a la pregunta planteada.

El piso no cumple los requisitos de Carmen, porque su precio es superior a 200 000 €.

9. Después de negociar con la inmobiliaria, Carmen consiguió que le hicieran un descuento del 5 %. ¿Cuánto le costó el piso? ¿Cuánto dinero le sobró?

En primer lugar, calculamos el 5 % del precio del piso:

$$5\ \%\ de\ 209\ 808 = \frac{5 \cdot 209\ 808}{100} = 10\ 490,40\ €$$

A continuación, restamos:

$$209\ 808 - 10\ 490,40 = 199\ 317,60\ €$$

Así pues, el piso le costó 199 317,60 €.

Le sobraron 682,40 €, porque 200 000 – 199 317,60 = 682,40.

Una vez que le entreguen el piso, Carmen quiere pintar las paredes del salón de color celeste. En la inmobiliaria, le indicaron que podrían hacerlo ellos mismos, pero que le cobrarían 12 € por cada metro cuadrado de pared que pintaran. Si el techo del salón está a 2,65 m de altura, y cada puerta mide 2,1 m de alto y 1 m de ancho, ¿podrá pagar Carmen el trabajo de pintura con el dinero que le sobró?

10. ¿Qué dato hay que calcular para responder a esta pregunta?

Hay que calcular el precio del trabajo de pintura.

11. ¿Cómo se puede calcular?

Multiplicando la superficie total de la pared por 12 €, que es el precio de cada metro cuadrado que pinten.

12. ¿Cuántas paredes tiene el salón, sin contar la vidriera semicircular? ¿Qué forma tienen? ¿Cuáles son sus dimensiones?

Tiene cinco paredes, en dos de las cuales hay una puerta. Todas tienen forma rectangular, y sus dimensiones son: 6 m × 2,65 m, 4 m × 2,65 m, 3 m × 2,65 m, 2 m × 2,65 m y 3 m × 2,65 m (hay dos paredes del mismo tamaño).

13. Calcula la superficie de cada una de las paredes del salón. Hazlo como si no hubiera puertas.

Las superficies son:

$6 \cdot 2,65 = 15,9\ m^2$

$4 \cdot 2,65 = 10,6 \ m^2$

$3 \cdot 2,65 = 7,95 \ m^2$ *(hay dos paredes con esta superficie)*

$2 \cdot 2,65 = 5,3 \ m^2$

14. Calcula la superficie total de las paredes del salón, como si no hubiera puertas.

    La superficie total de las paredes del salón es:

$$15,9 + 10,6 + 7,95 \cdot 2 + 5,3 = 47,7 \ m^2$$

15. ¿Qué superficie ocupan las dos puertas del salón?

    La superficie de cada puerta es: $2,1 \cdot 1 = 2,1 \ m^2$

    La superficie que ocupan las dos puertas es: $2,1 \cdot 2 = 4,2 \ m^2$

16. ¿Cuál es la superficie de pared que tendrán que pintar?

    Para calcular la superficie de pared que tendrán que pintar, restamos:

$$47,7 - 4,2 = 43,5 \ m^2$$

17. ¿Cuánto le costará a Carmen que le pinten las paredes del salón?

    Para calcular cuánto le costará, multiplicamos: $43,5 \cdot 12 = 522 \ €$

18. Responde a la pregunta planteada.

    Sí que podrá pagar el trabajo de pintura con el dinero que le sobró, porque le costará 522 € y le sobraron 682,40 €.

Marcombo

Marcombo es una editorial especializada en libros técnicos
y científicos con más de 75 años de experiencia.

Los títulos de Marcombo están escritos por grandes especialistas
y tratan materias como Tecnología, Empresa, Instalaciones y otros temas relacionados
con las ciencias e ingenierías. Asimismo, publicamos libros sobre formación
profesional, certificados de profesionalidad y universitarios. Materias de siempre
y actuales que avalan una rigurosa y dilatada trayectoria editorial.

Tal como hemos hecho durante todos estos años, Marcombo está a su disposición
para ofrecerle las mejores obras técnicas, científicas y de formación de ayer, hoy y
siempre. Los autores, nacionales e internacionales, comparten su amplia experiencia
mostrando tutoriales de contenidos paso a paso, expertos consejos e ideas motivadoras
que reforzarán sus conocimientos. Estos libros son una valiosa herramienta
con la que potenciará notablemente sus habilidades y conocimientos técnicos.

Queremos agradecer su confianza en los libros de Marcombo.
Por eso, queremos compartir con usted diversos regalos digitales
de algunos de los temas de referencia. Puede acceder a ellos
dentro del apartado **Contenido gratuito** en
www.marcombo.com